职业教育·通用课程教材

概率论与数理统计

潘 蕊 王 洋 主 编

陈 奥 薛 菲 副主编

人民交通出版社

北 京

内 容 提 要

本教材是职业教育通用课程教材。其主要内容包括：随机事件及其概率、随机变量及其分布、数理统计初步、MATLAB 与数理统计。

本教材可作为高职院校、职教本科院校各专业教材，也可供高职院校学生进行专升本自学参考使用。

＊本教材配套数字资源，任课教师可通过加入"职教公共基础课教学研讨群"（QQ 群：985149463）获取。

图书在版编目（CIP）数据

概率论与数理统计/潘蕊，王洋主编.—北京：人民交通出版社股份有限公司，2025.7.—ISBN 978-7-114-20491-3

Ⅰ. O21

中国国家版本馆 CIP 数据核字第 2025XE9394 号

Gailülun yu Shuli Tongji

书　　名： 概率论与数理统计
著 作 者： 潘　蕊　王　洋
责任编辑： 李佳蔚
责任校对： 赵媛媛
责任印制： 张　凯
出版发行： 人民交通出版社
地　　址： （100011）北京市朝阳区安定门外外馆斜街 3 号
网　　址： http://www.ccpcl.com.cn
销售电话： （010）85285911
总 经 销： 人民交通出版社发行部
经　　销： 各地新华书店
印　　刷： 北京科印技术咨询服务有限公司数码印刷分部
开　　本： 787×1092　1/16
印　　张： 8.75
字　　数： 149 千
版　　次： 2025 年 7 月　第 1 版
印　　次： 2025 年 7 月　第 1 次印刷
书　　号： ISBN 978-7-114-20491-3
定　　价： 35.00 元

前言

概率论与数理统计是高等职业教育中一门重要的公共基础课程，是现代数学的基础工具，也是学生进行数据处理的有效工具，更是连接现实世界与数学模型的桥梁，因此学习概率论与数理统计能培养抽象思维和逻辑推理能力。职业教育强调应用型人才培养，具备概率统计知识的技能型人才在就业市场中更具竞争力，能够适应技术迭代和跨领域协作的职业需求。因此，在职业教育中，只有将概率论与数理统计课程教学与专业对接、与时代接轨，才能更好地提高人才培养质量。上述因素促成了本书的编写。

本书在编写时深入贯彻《高等学校课程思政建设指导纲要》《教育部关于全面深化课程改革落实立德树人根本任务的意见》中的精神，将课程思政、数学核心素养、数学观培育融入数学教学，同时坚持数学与专业知识融合，体现职业教育数学的教学特征。本书具有以下特点。

1. 彰显立德树人：秉持立德树人理念，借数学教学帮助学生塑造正确的价值观与道德观。以核心素养为指引，各章节创设跨学科情境，融合专业与数学知识，培养学生运用数学思维、语言的能力，提升其数学核心素养。

2. 倡导场景融入：引入大量生活、工作真实场景，让学生熟练掌握用数学语言解决专业问题的技能，无缝对接职场，筑牢职业发展根基。为高职数学教学提供高效、贴合时代需求的方案，培育高素质人才。

3. 适应分层学情：编写过程中考虑高职及职业本科两类不同学情，进行了部分结构调整，方便针对不同学情进行知识内容调整。

本书由四川交通职业技术学院潘蕊、王洋担任主编，四川交通职业技术学院陈奥、薛菲担任副主编，参编人员有四川交通职业技术学院喻无瑕、霍旻旻、方卫东、高敏静。本书共有四章，潘蕊负责内容编写；陈奥、薛菲、喻无瑕、霍旻旻、方卫东、高敏静负责内容校对。潘蕊、王洋对全书进行统稿。

由于编者水平有限，书中难免有疏漏之处，恳请广大读者提出宝贵建议，以便进一步修改和完善。

编　者

2025 年 3 月

数字资源索引

资源使用说明：

1. 扫描封面二维码，注意每个码只可激活一次；

2. 长按弹出界面的二维码关注“交通教育出版”微信公众号并自动绑定资源；

3. 公众号弹出“购买成功”通知，点击“查看详情”，进入后即可查看资源；

4. 也可进入“交通教育出版”微信公众号，点击下方菜单“用户服务—图书增值”，选择已绑定的教材进行观看。

重难点视频资源、微课在教材中的融入

序号	资源名称	页码
1	随机事件的关系与运算	4
2	事件间的运算规律	6
3	排列组合的概念	10
4	条件概率的定义	16
5	随机变量的概念	27
6	离散型随机变量	29
7	离散型随机变量的分布函数	37
8	连续型随机变量(1)	42
9	连续型随机变量(2)	45
10	二维离散型随机变量	48
11	协方差	60

目录

第一章　随机事件及其概率

利用线性代数知识可以解决数据的线性变换等问题，而数据的处理除了需要线性代数知识，也需要基本的概率论与数理统计知识。概率论是数学的一个重要分支，主要研究随机事件及其概率的数学理论，如今被广泛应用于各个行业的数据预测与分析等方面。

第一节　随机试验与随机事件

生活中有很多不确定的现象，而概率论则是一门研究这些不确定现象数量规律的数学分支。本节将定义这些不确定现象以及相应的试验，并学习它们之间的关系和运算特征。

一、随机试验与随机事件的概念

在生活中有很多现象，例如，太阳东升西落、一枚硬币被扔出后下落。这些都是在一定条件下必然会发生或不发生的现象，这样的现象称为**确定性现象**，又称必然现象。

同样地，生活中也存在着很多不确定的现象，例如，成雅高速公路每日从蒲江站进入的车辆数、某同学连续投 10 次篮的命中数。这些都是在一定条件下具有多种可能结果的现象，这样的现象称为**随机现象**。

下面给出更多的随机现象案例。

案例 1-1　掷一枚骰子出现的点数。

案例 1-2　从某校新生中挑选一名测量其身高。

案例 1-3　某高速公路在将来某日上午 9:00 出现事故。

随机现象出现哪种结果事先是不能确定的，但一般在保持基本条件不变的情况下进行大量的独立重复试验或观察会呈现出某种规律性。随机现象所呈现的这种规律性称为**随机现象的统计规律性**。

表 1-1 所示为历史上研究随机现象的统计规律性的著名试验——抛

掷硬币试验：多次重复地抛掷一枚均匀的硬币，会发现正面、反面朝上的可能性都大约是 1/2。

抛掷硬币试验　　表 1-1

试验者	抛掷次数 n	正面朝上的次数 m	正面朝上的频率 $\frac{m}{n}$
德·摩根	2048	1061	0.5181
蒲丰	4040	2048	0.5069
费希尔	10000	4979	0.4979
皮尔逊	12000	6019	0.5016
	24000	12012	0.5005
维尼	30000	14994	0.4998

为了更好地研究上述随机现象的统计规律性，对其进行进一步观察。

案例 1-4　掷一枚骰子，观察出现的点数；所有可能结果：1，2，3，4，5，6。

案例 1-5　从某校新生中挑选一名测量其身高，所有可能结果：150～220cm。

案例 1-6　观察某高速公路在将来某日上午 9:00 是否出现事故，所有可能结果：出现，未出现。

定义 1-1　对某种现象做一次观察或进行一次科学实验统称为**试验**。如果这个试验在相同条件下可以重复进行，每次试验的可能结果不止一个，并且能事先明确试验的所有可能结果，但每次试验之前不能确定哪一个结果会出现，则称此试验为**随机试验**（简称**试验**，一般用 E 表示）。

前面对三个案例的观察，则分别对应了三个不同的随机试验，分别记为 E_1, E_2, E_3。

根据定义 1-1，随机试验需同时满足以下三个条件。

（1）**可重复性**：在相同条件下可以独立重复进行。

（2）**可观测性**：试验所有可能结果不止一个且可以事先明确所有可能结果。

（3）**随机性**：每次试验之前无法预知会出现哪一个结果。

分别将 E_1, E_2, E_3 的所有可能结果组成一个集合，即

$E_1: \Omega_1 = \{1,2,3,4,5,6\}$；

$E_2: \Omega_2 = \{x \in \mathbf{R} \mid 150 \leqslant x \leqslant 220\}$；

$E_3: \Omega_3 = \{$出现，未出现$\}$。

例 1-1　指出下列现象中，哪些是必然现象，哪些是随机现象？

（1）在一批质量参差不齐的产品中抽取一个产品，该产品的质量情况；

(2)明天的天气情况;

(3)1 月 1 日是元旦节;

(4)在地面向上抛一枚硬币后,硬币落回地面。

解:(3)、(4)为必然现象,(1)、(2)为随机现象。

定义 1-2　类似于集合 Ω_1、Ω_2、Ω_3,将随机试验 E 的所有可能结果组成集合,该集合称为 E 的**样本空间**,一般记为 Ω。样本空间 Ω 的元素,即试验 E 的每一个结果,称为**样本点**,记为 ω。

例如,对于随机试验 E_1,2 是其样本空间 Ω_1 的一个样本点;对于随机试验 E_2,180 是其样本空间 Ω_2 的一个样本点;对于随机试验 E_3,"未出现"是其样本空间 Ω_3 的一个样本点。

对于随机试验 E_1,常常需要观察某类结果,例如,出现的偶数点、出现的点数不大于 4 等,这些结果组成的集合 $\{2,4,6\}$、$\{1,2,3,4\}$,均为样本空间 Ω_1 的子集。

定义 1-3　由随机试验 E 的样本空间 Ω 中的部分样本点所组成的集合,称为随机试验的**随机事件**,简称**事件**,常用符号 $A,B,C,\cdots$ 表示;也就是说,随机事件是样本空间的子集。当且仅当事件的某个样本点出现时,事件发生。

例如,$A=\{2,4,6\}$,$B=\{1,2,3,4\}$ 均为随机试验 E_1 的随机事件。

特别说明以下几个特殊的事件。

基本事件:只包含一个样本点的单点集,称为基本事件。例如,样本空间 Ω_3 的基本事件有{出现},{未出现}。

必然事件:由样本空间中所有样本点组成的集合,称为必然事件,即全集,也就是样本空间 Ω 本身。

不可能事件:不含任何样本点的集合称为不可能事件,即空集,记为 $\varnothing$。例如,在随机试验 E_2 中,{选中同学的身高低于 140cm}就是不可能事件。

尽管必然事件和不可能事件不具有随机性,但在概率论中起到重要作用,因此仍然把必然事件和不可能事件看成随机事件的特殊情况。

需要说明的是,事件的表达可以用语言描述,也可以用集合的形式描述。若用语言描述,可能出现不同的表达方式,但都会等价于同一个集合,也就是同一个事件。例如,{扔出的点数不超过 3}和{扔出的点数是 1 或 2}所表达的事件用集合表示均为 $A=\{1,2\}$。因此,在后面解决事件的相关问题时,可以尝试将事件的表达统一为集合的表达形式,方便运算。而事件的集合表达则会根据试验观察结果的特点来定,可能是质性表达,也可能是量化表达;可能是单点数集,也可能是坐标点集。

例 1-2 随机试验 E：同时掷 2 枚骰子，观察其点数。请用集合表达下列事件：

(1) 必然事件；

(2) 掷出至少一个 5 点；

(3) 掷出点数之和不大于 4。

解：(1) 必然事件即为样本空间，观察的结果为 2 枚骰子的点数，可看作一个二维坐标：

$$\Omega = \left\{ \begin{array}{l} (1,1),(1,2),(1,3),(1,4),(1,5),(1,6),(2,2), \\ (2,3),(2,4),(2,5),(2,6),(3,3),(3,4),(3,5), \\ (3,6),(4,4),(4,5),(4,6),(5,5),(5,6),(6,6) \end{array} \right\}$$

(2) $A = \{(1,5),(2,5),(3,5),(4,5),(5,5),(5,6)\}$；

(3) $B = \{(1,1),(1,2),(1,3),(2,2)\}$。

例 1-3 随机试验 E：同时掷 2 枚骰子，观察其点数之和。请用集合表达下列事件：

(1) 必然事件；

(2) 掷出点数之和为偶数；

(3) 掷出点数之和不大于 4。

解：(1) 必然事件即为样本空间，观察的结果为 2 枚骰子的点数之和，因此样本点为数值：$\Omega = \{2,3,4,5,6,7,8,9,10,11,12\}$

(2) $A = \{2,4,6,8,10,12\}$；

(3) $B = \{2,3,4\}$。

发现：同样的随机现象，当观察的结果对象不同时，所对应的样本空间也就随之不同，而事件的表达形式也可能不同。

二、随机事件的关系与运算

随机事件的
关系与运算

根据随机事件的定义，事件的关系和运算实际上就是对应集合的关系和运算，同时可以用韦恩图直观表达。

1. 事件的包含与相等关系

若事件 A 发生，必然导致事件 B 发生，即 A 中的每一个样本点都属于 B，则称事件 B 包含事件 A，记为 $A \subset B$，如图 1-1 所示；若同时 $B \subset A$，则称事件 A 与事件 B 相等，记为 $A = B$。

2. 和事件

若事件 A 与事件 B 至少有一个发生，则称为事件 A 与事件 B 的和事件，记为 $A + B$ 或 $A \cup B$，如图 1-2 所示。其集合形式可以表示成 $A + B = \{x \mid x \in A \text{ 或 } x \in B\}$。

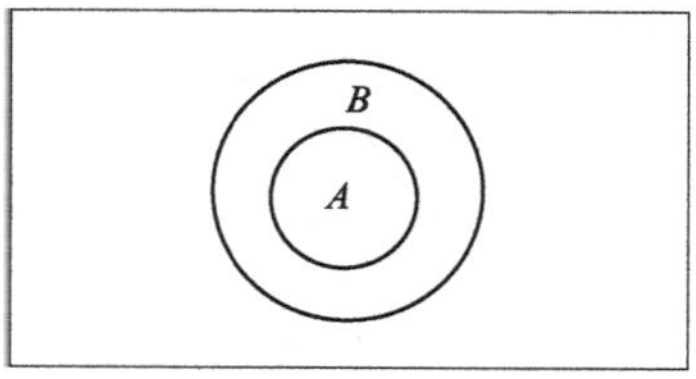

图 1-1　$A \subset B$

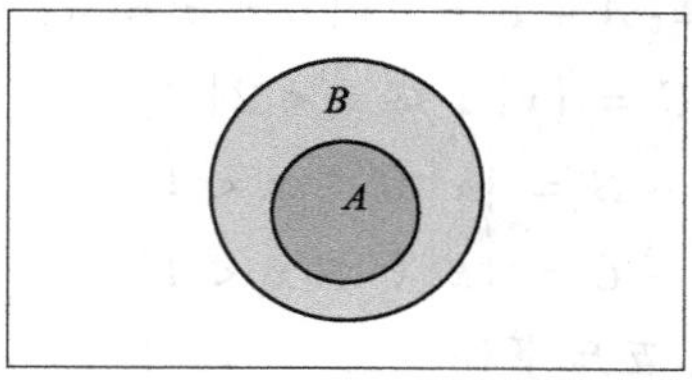

图 1-2　$A + B$

和事件的推广：

(1)若有限个事件 $A_1, A_2, \cdots, A_n$ 中至少有一个发生，则记为

$$\bigcup_{i=1}^{n} A_i = A_1 + A_2 + \cdots + A_n = A_1 \cup A_2 \cup \cdots \cup A_n$$

(2)若可数可列个事件 $A_1, A_2, \cdots, A_n, \cdots$ 中至少有一个发生，则记为

$$\bigcup_{i=1}^{\infty} A_i = A_1 + A_2 + \cdots + A_n + \cdots = A_1 \cup A_2 \cup \cdots \cup A_n \cup \cdots$$

3. 积事件

若事件 A 与事件 B 同时发生，则称为事件 A 与事件 B 的积事件，记为 AB 或 $A \cap B$，如图 1-3 所示。其集合形式可以表示成 $AB = \{x | x \in A$ 且 $x \in B\}$。

积事件的推广：

(1)若有限个事件 $A_1, A_2, \cdots, A_n$ 同时发生，则记为

$$\bigcap_{i=1}^{n} A_i = A_1 A_2 \cdots A_n = A_1 \cap A_2 \cap \cdots \cap A_n$$

(2)若可数可列个事件 $A_1, A_2, \cdots, A_n, \cdots$ 同时发生，则记为

$$\bigcap_{i=1}^{\infty} A_i = A_1 A_2 \cdots A_n \cdots = A_1 \cap A_2 \cap \cdots \cap A_n \cap \cdots$$

4. 差事件

若事件 A 发生，但事件 B 不发生，则称为事件 A 与事件 B 的差事件，记为 $A - B$，如图 1-4 所示。其集合形式可以表示成 $A - B = \{x | x \in A$ 且 $x \notin B\}$。

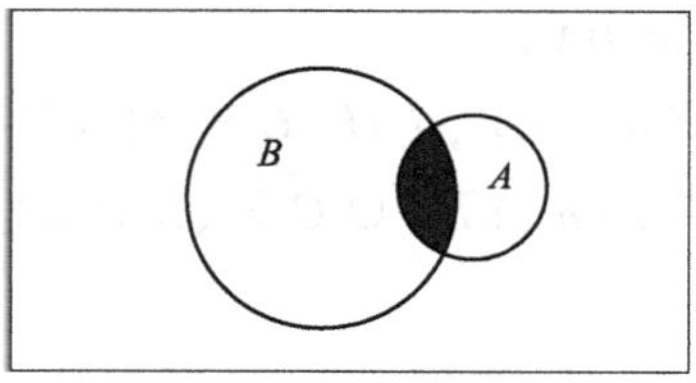

图 1-3　AB

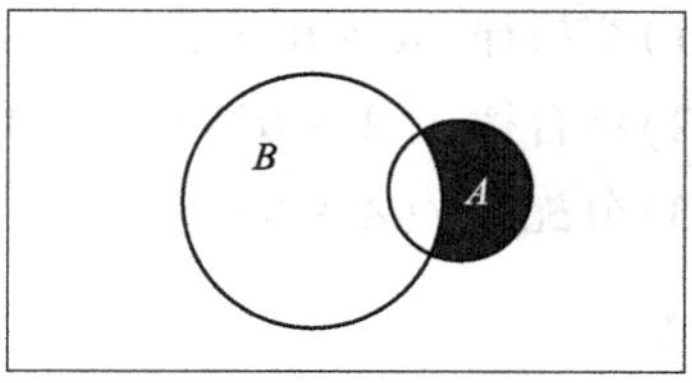

图 1-4　$A - B$

例 1-4　设样本空间 $\Omega = \{x | -1 \leqslant x \leqslant 4\}$，其中事件 $A = \{x | 0 \leqslant x < 2\}$，$B = \{x | 1 \leqslant x \leqslant 4\}$，$C = \{x | 1 \leqslant x < 2\}$，请用集合形式表示出 $A + B$，AC，$A - B$，$A - C$。

解：$A + B = \{x | 0 \leqslant x \leqslant 4\}$

$AC = \{x | 1 \leqslant x < 2\}$

$A - B = \{x | 0 \leqslant x < 1\}$

$A - C = \{x | 0 \leqslant x < 1\}$

5. 互斥事件

若事件 A 与事件 B 不能同时发生，即 $AB = \varnothing$，则称事件 A 与事件 B 互不相容（或互斥），如图 1-5 所示。

6. 对立事件

在一次试验中，事件 A 和事件 B 虽不能同时发生，但必须发生一个，也就是说 $AB = \varnothing$ 且 $A \cup B = \Omega$，则称事件 A 与事件 B 互为对立事件，事件 B 记为 $\overline{A}$，如图 1-6 所示。由定义可以看出对立事件是特殊的互斥事件。

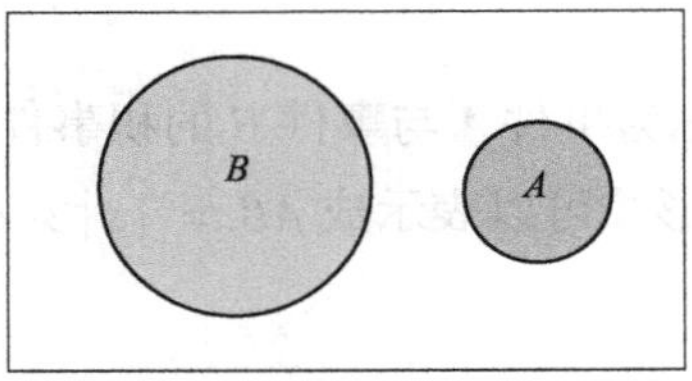

图 1-5　$AB = \varnothing$

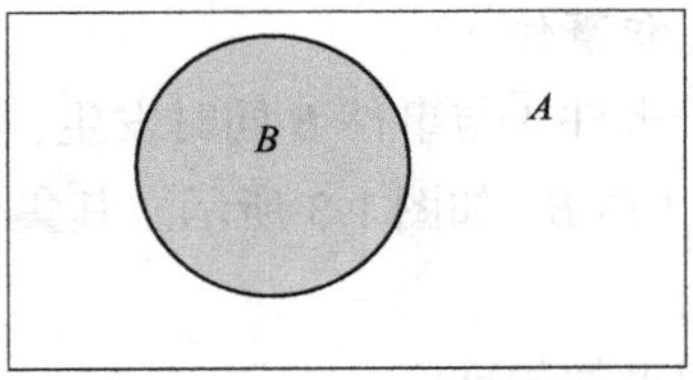

图 1-6　$AB = \varnothing$ 且 $A \cup B = \Omega$

由韦恩图可知，$\overline{A} + A = \Omega$ 且 $A\overline{A} = \varnothing$；$\overline{A} = \Omega - A$。

互斥事件的推广：

(1) 有限个事件 $A_1, A_2, \cdots, A_n$ 两两互斥，可记为

$$A_iA_j = \varnothing \quad (i \neq j,\ i,j = 1,2,\cdots,n)$$

称 $A_1, A_2, \cdots, A_n$ 为一个**完备事件组或划分**；

(2) 可数可列个事件 $A_1, A_2, \cdots, A_n, \cdots$ 两两互斥，可记为

$$A_iA_j = \varnothing \quad (i \neq j,\ i,j = 1,2,\cdots,n,\cdots)$$

7. 事件间的运算规律

(1) 交换律：$A + B = B + A$，$AB = BA$；

(2) 结合律：$(A + B) + C = A + (B + C)$，$(AB)C = A(BC)$；

(3) 分配律：$(A + B)C = AC + BC$，$(A \cap B) \cup C = (A \cup C) \cap (B \cup C)$；

事件间的运算规律

(4) 自反律：$A = \overline{\overline{A}}$；

(5) 德·摩根律：$\overline{A + B} = \overline{A}\,\overline{B}$，$\overline{AB} = \overline{A} + \overline{B}$；$\overline{A + B + C} = \overline{A}\,\overline{B}\,\overline{C}$，$\overline{ABC} = \overline{A} + \overline{B} + \overline{C}$；

(6) $A - B = A - AB = A\overline{B}$。

例 1-5 向目标射击两次,记 A = "第一次击中目标", B = "第二次击中目标",用 A,B 表示下列事件:

(1)只有第一次击中目标;

(2)仅有一次击中目标;

(3)两次都未击中目标;

(4)至少有一次击中目标。

解:根据对立事件的概念知, $\overline{A}$ = "第一次未击中目标", $\overline{B}$ = "第二次未击中目标"。

(1) $A\overline{B}$;

(2) $A\overline{B}+\overline{A}B$;

(3) $\overline{AB}=\overline{A}+\overline{B}$;

(4) $A+B=\Omega-\overline{A}\overline{B}$ 。

例 1-6 设抽取三件产品进行检测,事件 A_i 表示{第 i 件产品是合格品}($i=1,2,3$)。用 A_1 , A_2 , A_3 表示下列事件:

(1)第一件是合格品;

(2)三件都是合格品;

(3)只有第一件是合格品;

(4)只有一件是合格品;

(5)没有合格品。

解:(1) A_1 ;

(2) $A_1A_2A_3$;

(3) $A_1\overline{A}_2\overline{A}_3$;

(4) $A_1\overline{A}_2\overline{A}_3+\overline{A}_1A_2\overline{A}_3+\overline{A}_1\overline{A}_2A_3$;

(5) $\overline{A}_1\overline{A}_2\overline{A}_3=\overline{A_1+A_2+A_3}$ 。

第二节 随机事件的概率

在实际应用中,除了要刻画随机试验所对应的各随机事件,还要去研究随机事件出现的"可能性"。而根据上一节发现的随机现象的统计规律性,本节学习的这个"可能性"即为刻画该统计规律性的数学表达。

一、频率与概率

回忆表 1-1,根据数据特征可以发现:当抛掷硬币次数 n 较小时,频率在0与1之间随机波动且幅度较大;但随着抛掷硬币次数 n 增大,频率会逐渐呈现出稳定性,即当 $n \to \infty$ 时,$\frac{m}{n} \to 0.5$ 。

在大量的独立重复试验后会发现,随着试验次数逐渐增大,事件 A 的频率会呈现出稳定性且趋近于某个常数。用事件 A 的这个稳定结果来表示事件 A 发生的可能性大小是合适的。

定义 1-4 设在相同条件下进行 n 次试验,在 n 次试验中事件 A 发生了 n_A 次,则称 n_A 为事件 A 在 n 次试验中发生的**频数**,称比值 $\frac{n_A}{n}$ 为事件 A 在 n 次试验中发生的**频率**,记为 $f_n(A)$,$f_n(A) = \frac{n_A}{n}$ 。

频率的三条基本特征:

(1) $0 \leqslant f_n(A) \leqslant 1$;

(2) $f_n(\Omega) = 1$;

(3)若 $A_1, A_2, \cdots, A_k$ 是两两互斥事件,则

$$f_n(A_1 \cup A_2 \cup \cdots \cup A_k) = f_n(A_1) + f_n(A_2) + \cdots + f_n(A_k)$$

定义 1-5(概率的统计学定义) 设在相同条件下进行 n 次试验,在 n 次试验中事件 A 发生了 n_A 次,则称 n_A 为事件 A 在 n 次试验中发生的频数,若 $\lim\limits_{n \to \infty} f_n(A) = p$,则称之为事件 A 的**概率**,记为 $P(A) = p$ 。

二、概率的公理化定义及性质

定义 1-6(概率的公理化定义) 设 E 为随机试验,Ω 是其样本空间。对每一个事件 A 赋予一个实数,建立起映射关系,记为 $P(A)$,称 $P(A)$ 为事件 A 的**概率**,该函数应满足以下条件:

(1)**非负性**:对于每一个事件 A ,有 $P(A) \geqslant 0$;

(2)**规范性**:$P(\Omega) = 1$;

(3)**可列可加性**:设 $A_1, A_2, \cdots, A_n, \cdots$ 为可数可列个两两互斥事件,则有

$$P\left(\bigcup_{i=1}^{\infty} A_i\right) = P(A_1) + P(A_2) + \cdots + P(A_n) + \cdots = \sum_{i=1}^{\infty} P(A_i)$$

性质 1-1 不可能事件的概率为零,即 $P(\varnothing) = 0$ 。

例 1-7 已知 $A_1, A_2, \cdots, A_n$ 是两两互斥事件,求证:

$$P\left(\bigcup_{i=1}^{n} A_i\right) = P(A_1) + P(A_2) + \cdots + P(A_n) = \sum_{i=1}^{n} P(A_i)$$

证明:由于 $\varnothing \cap A = \varnothing$,$\varnothing \cup A = A$,因此 $\varnothing$ 与任意事件都互斥;令 $A_{n+1} = \varnothing, A_{n+2} = \varnothing, \cdots$,即事件组为 $A_1, A_2, \cdots, A_n, \varnothing, \varnothing, \cdots$ 。也

就是从第 $n+1$ 个事件起，均为不可能事件，组成了一组包含可数可列个两两互斥事件的事件组，根据可列可加性知，

$$P(\bigcup_{i=1}^{n} A_i) = P(\bigcup_{i=1}^{\infty} A_i) = P(A_1) + P(A_2) + \cdots + P(A_n) + P(\varnothing) + \cdots$$

$$= \sum_{i=1}^{n} P(A_i) + 0 + 0 + \cdots$$

因此，$P(\bigcup_{i=1}^{n} A_i) = P(A_1) + P(A_2) + \cdots + P(A_n) = \sum_{i=1}^{n} P(A_i)$，得证。

性质 1-2（有限可加性）　若 $A_1, A_2, \cdots, A_n$ 是两两互斥事件，则有

$$P(\bigcup_{i=1}^{n} A_i) = P(A_1) + P(A_2) + \cdots + P(A_n) = \sum_{i=1}^{n} P(A_i)$$

例 1-8　设 A,B 是两个事件，已知 $A \subset B$，求证：$P(B-A) = P(B) - P(A)$。

证明：由于 $A \subset B$，则有 $B = (B-A) \cup A$，且 $(B-A) \cap A = \varnothing$。

根据有限可加性可知，$P(B) = P(B-A) + P(A)$。因此，$P(B-A) = P(B) - P(A)$。根据非负性可知 $P(B) \geqslant P(A)$，得证。

性质 1-3　设 A,B 是两个事件，若 $A \subset B$，则有

$$P(B-A) = P(B) - P(A) \text{ 且 } P(B) \geqslant P(A)$$

若 A,B 是任意两个事件，则恒有 $B - A = B - AB$，且 $AB \subset B$，因此

$$P(B-A) = P(B-AB) = P(B) - P(AB)$$

由于对于任一事件 A，均有 $A \subset \Omega$，因此有 $P(A) \leqslant P(\Omega)$。

性质 1-4　对于任一事件 A，有 $P(A) \leqslant 1$。

性质 1-5　对于任一事件 A，有 $P(\bar{A}) = 1 - P(A)$。

证明：由于 $A + \bar{A} = \Omega$，根据有限可加性知 $P(A) + P(\bar{A}) = P(\Omega) = 1$，即 $P(\bar{A}) = 1 - P(A)$，得证。

性质 1-6（加法公式）　对于任意两个事件 A,B，有

$$P(A+B) = P(A) + P(B) - P(AB)$$

证明：由于 $A + B = A + (B - A) = A + (B - AB)$，且 $A(B - AB) = \varnothing$，根据有限可加性可知

$$P(A+B) = P(A) + P(B-AB)$$

又由于 $AB \subset B$，根据性质 3 可知

$$P(A+B) = P(A) + P(B-AB) = P(A) + P(B) - P(AB)$$

得证。

加法公式可以推广到任意有限多个事件的情况，下面给出任意三个事件 A,B,C 和事件的概率展开：

$$P(A+B+C)=P(A)+P(B)+P(C)-P(AB)-P(AC)-P(BC)+P(ABC)$$

例 1-9 已知 $P(A)=\frac{1}{2}$，$P(AB)=\frac{1}{8}$，求 $P(A\overline{B})$。

解： 由于 $A\Omega=A=A(B+\overline{B})=AB+A\overline{B}$，且 $AB\cap A\overline{B}=\varnothing$，则根据有限可加性，有 $P(A)=P(AB)+P(A\overline{B})$，于是 $P(A\overline{B})=P(A)-P(AB)=\frac{1}{2}-\frac{1}{8}=\frac{3}{8}$。

例 1-10 设 A,B,C 是三个事件，且 $P(A)=P(B)=P(C)=\frac{1}{4}$，$P(AB)=P(BC)=0$，$P(AC)=\frac{1}{8}$，求 A,B,C 至少有一个发生的概率。

解： 事件"A,B,C 至少有一个发生"可表示为 $A+B+C$，于是

$$P(A+B+C)=P(A)+P(B)+P(C)-P(AB)-P(AC)-P(BC)+P(ABC)$$

由于 $ABC\subset AB$，根据非负性和性质 3 可知，$0\leqslant P(ABC)\leqslant P(AB)=0$，则

$$P(A+B+C)=\frac{1}{4}+\frac{1}{4}+\frac{1}{4}-\frac{1}{8}=\frac{5}{8}$$

第三节　古典概型和几何概型

古典概型（也叫等可能概型）是概率论中最基本的概率模型之一，为概率论的建立、发展提供了重要的思路。本节将学习古典概型及其推广几何概型的概念和相关计算。

一、排列与组合

本部分以下陈述中，除非特殊说明，m,n 均表示正整数。

排列组合的概念

回忆：

分类计数原理： 设完成一件事有 m 类不同方案，在第 i 类方案中有 n_i 种不同的方法，那么完成这件事共有 $n_1+n_2+\cdots+n_m$ 种不同的方法。

分步计数原理： 设完成一件事需要 m 个步骤，做第 i 步有 n_i 种不同的方法，那么完成这件事共有 $n_1\times n_2\times\cdots\times n_m$ 种不同的方法。

思考：

某学校需从 10 位候选者中随机选拔 3 位同学参加即将举行的职业

技能竞赛，竞赛共3个项目，将分别派一名同学参加。该校目前准备进行报名，思考下列问题：

（1）若根据竞赛规则，该校需在报名前确认3个项目的参赛选手，共几种选法？

（2）若竞赛规则调整，该校报名时只需提交3个参赛选手名字并在比赛现场抽签决定具体参赛项目，共几种选法？

上述两个问题代表了“有序”的挑选和“无序”的挑选两种情况，分别对应了排列和组合。

针对问题（1），将学校的选拔过程根据项目顺序，进行“分步”分析，

选法种数 = 第1次选拔时的候选人数 × 第2次选拔时的候选人数 × 第3次选拔时的候选人数，即选法种数 $= 10 \times 9 \times 8$。

定义1-7　从 n 个不同元素中取出 m（$0 \leqslant m \leqslant n$）个元素，按照一定的顺序排成一列，叫作从 n 个不同元素中取出 m 个元素的一个**排列**，记为 A_n^m。排列有如下计算方法：

$$A_n^m = n(n-1)\cdots(n-m+1) \tag{1-1}$$

当 $m = n$ 时，称 A_n^n 为**全排列**，可知 $A_n^n = n \times (n-1) \times \cdots \times 2 \times 1 = n!$，称 $n!$ 为 n 的**阶乘**。特别地，定义 $0! = 1$。

全排列实际上可以看作对所有元素进行排序的所有排序方式的总数。

问题（1）的选法则可表示为 A_{10}^3，并可以整理为 $A_{10}^3 = \dfrac{10!}{(10-3)!}$。因此，排列的计算方法还可整理如下：

$$A_n^m = \frac{n!}{(n-m)!} \tag{1-2}$$

针对问题（2），可在问题（1）基础上进行思考。下面分解问题（1）的步骤：

①先从10位候选者中选择3位同学组成参赛团队（组合），选法种数记为 C_{10}^3，此为问题（2）所求的选法种数；

②再对这3位同学进行参赛的排序（全排列），即 $A_3^3 = 3!$。

因此，根据分步计数原理，问题（1）中的选法种数还可以表示为

$$A_{10}^3 = C_{10}^3 \cdot 3!$$

则问题（2）的选法种数 $C_{10}^3 = \dfrac{A_{10}^3}{3!}$。

定义1-8　从 n 个不同元素中取出 m（$0 \leqslant m \leqslant n$）个元素的所有不同组合的个数叫作**组合数**，记为 C_n^m。组合数有如下计算方法：

$$C_n^m = \frac{A_n^m}{m!} = \frac{n!}{(n-m)!m!} \tag{1-3}$$

根据式(1-3)的对称性可知，$C_n^m = C_n^{n-m}$。

例 1-11 在房间里有 10 个人，分别佩戴从 1 号到 10 号的纪念章，任选 3 人记录其纪念章的号码，

(1)抽中的最小号码是 5 的情况有多少种？

(2)抽中的最大号码是 5 的情况有多少种？

解：(1)最小号码是 5，说明 3 人中必有 5 号，且另外两个号需在 6，7，8，9，10 中选择，因此所有情况的种数为 $C_5^2 = \frac{5 \times 4}{2 \times 1} = 10$；

(2)最大号码是 5，说明 3 人中必有 5 号，且另外两个号需在 1，2，3，4 中选择，因此所有情况的种数为 $C_4^2 = \frac{4 \times 3}{2 \times 1} = 6$。

例 1-12 有 8 个不同的苹果，若做如下处理，则处理方法数分别是多少？

(1)将苹果均分为 4 堆；

(2)将苹果均分为 4 堆后，分发给甲、乙、丙、丁 4 位同学。

解：(1)若均分为 4 堆，则每堆有 2 个苹果，且和顺序无关，将分堆过程看作逐步选苹果进行组合，则处理方法数为

$$C_8^2 \cdot C_6^2 \cdot C_4^2 \cdot C_2^2 = 2520$$

(2)可将分配过程进行分步分析：第一步进行苹果分堆，第二步将 4 堆苹果分别分给 4 个同学，处理方法数可表示为

$$C_8^2 \cdot C_6^2 \cdot C_4^2 \cdot C_2^2 \cdot A_4^4 = 60480$$

二、古典概型

定义 1-9（古典概型的定义） 对于一个随机试验，若其具备以下两个特征：

(1)有限性：试验的可能结果只有有限个，即 $\Omega = \{\omega_1, \omega_2, \cdots, \omega_n\}$；

(2)等可能性：各个可能结果出现的可能性是相等的，即

$$P(\omega_1) = P(\omega_2) = \cdots = P(\omega_n) = \frac{1}{n}$$

则称该试验为**古典概型**，也称为**等可能概型**。

定义 1-10（古典概型事件的计算） 在古典概型的试验中，若样本空间 Ω 中样本点的个数为 n，事件 A 包含的样本点的个数为 m，则事件 A 的概率为

$$P(A) = \frac{m}{n}$$

例 1-13　在房间里有 10 个人，分别佩戴从 1 号到 10 号的纪念章，任选 3 人记录其纪念章的号码，

(1)抽中的最小号码是 5 的概率是多少？

(2)抽中的最大号码是 5 的概率是多少？

解：从 10 个人中随机抽取 3 人的所有结果总数为 $C_{10}^{3}=120$，由例 1-11 可知

(1) $P\{抽中的最小号码是5\}=\dfrac{10}{120}=\dfrac{1}{12}$；

(2) $P\{抽中的最大号码是5\}=\dfrac{6}{120}=\dfrac{1}{20}$。

例 1-14　设有一批产品共 10 件，其中有 3 件次品。现从这批产品中随机选取 5 件，求：

(1)无次品的概率；

(2)至少有 1 件次品的概率；

(3)至多有 2 件次品的概率。

解：随机试验包含的所有样本点个数为 C_{10}^{5}，

(1)记事件 $A_1=\{无次品\}$，A_1 发生的情况数为 C_7^5，因此

$$P(A_1)=\frac{C_7^5}{C_{10}^5}=\frac{1}{12}$$

(2)记事件 $A_2=\{至少有 1 件次品\}$，A_2 发生的情况数为 $C_7^4C_3^1+C_7^3C_3^2+C_7^2C_3^3$，因此

$$P(A_2)=\frac{C_7^4C_3^1+C_7^3C_3^2+C_7^2C_3^3}{C_{10}^5}=\frac{11}{12}$$

容易发现 $\overline{A_1}=A_2$，因此，$P(A_2)=1-P(A_1)=\dfrac{11}{12}$。

(3)记事件 $A_3=\{至多有 2 件次品\}$，因 A_3 发生的类型较多，观察其对立事件 $\overline{A_3}=\{有 3 件次品\}$，其发生的情况数为 $C_7^2C_3^3$，因此

$$P(A_3)=1-P(\overline{A_3})=1-\frac{C_7^2C_3^3}{C_{10}^5}=\frac{11}{12}$$

在一个口袋里装有 n 个不同颜色的球，将这 n 个球组成的整体称为**总体**，其中每一个球都称为一个**样本**，随机试验 E 为从袋中抽取一个球，观察其颜色。

放回抽样：对于上述随机试验 E，若每一次从总体中抽取一个样本观察其颜色后放回总体中，则称这样的取样本方式为放回抽样。

不放回抽样：对于上述随机试验 E，若每一次从总体中抽取一个样本观察其颜色后不再放回总体中，则称这样的取样本方式为不放回抽样。

例 1-15 有 10 个形状相同的球,其中 2 个白球,8 个红球,从中依次取 2 次球,每次观察球的颜色并记录,若采用放回抽样,求下列事件的概率:

(1)2 个都是白球;

(2)1 个红球 1 个白球;

(3)至少 1 个红球。

解:因为是放回抽样,所以所有样本点的个数是 $10 \times 10 = 100$,

(1)记事件 $A_1 = \{2$ 个都是白球$\}$,A_1 发生的情况数为 $2 \times 2 = 4$,因此

$$P(A_1) = \frac{4}{100} = \frac{1}{25}$$

(2)记事件 $A_2 = \{1$ 个红球 1 个白球$\}$,A_2 发生的情况数为 $2 \times 8 + 8 \times 2 = 32$,因此

$$P(A_2) = \frac{32}{100} = \frac{8}{25}$$

(3)记事件 $A_3 = \{$至少 1 个红球$\}$,A_3 发生的情况数为 $2 \times 8 + 8 \times 2 + 8 \times 8 = 96$,因此

$$P(A_2) = \frac{96}{100} = \frac{24}{25}$$

例 1-16 有 10 个形状相同的球,其中 2 个白球,8 个红球,从中依次取 2 次球,每次观察球的颜色并记录,若采用不放回抽样,求下列事件的概率:

(1)2 个都是白球;

(2)第一个是红球;

(3)第二个是红球。

解:因为是不放回抽样,所以所有样本点的个数是 $A_{10}^2 = 10 \times 9 = 90$,

(1)记事件 $A_1 = \{2$ 个都是白球$\}$,A_1 发生的情况数为 $2 \times 1 = 2$,因此

$$P(A_1) = \frac{2}{90} = \frac{1}{45}$$

(2)记事件 $A_2 = \{$第一个是红球$\}$,A_2 发生的情况数为 $A_8^1 A_9^1 = 72$,因此

$$P(A_2) = \frac{72}{90} = \frac{4}{5}$$

(3)记事件 $A_3 = \{$第二个是红球$\}$,A_3 发生的情况数为

$$A_8^2 + A_2^1 A_8^1 = 8 \times 7 + 2 \times 8 = 72$$

因此

$$P(A_3) = \frac{72}{90} = \frac{4}{5}$$

发现:对于不放回抽样,第一次抽到红色和第二次抽到红色的概率是相同的。将此结论推广到抽签试验中,同样成立,也就是说,抽签是公平的。

***例 1-17** 在 1 ~ 100 的整数中随机抽取一个数,求取得的整数既不能被 6 整除又不能被 8 整除的概率。

解:设 A = {取得的整数能被 6 整除},B = {取得的整数能被 8 整除},

$C = \overline{A}\,\overline{B}$ = {取得的整数既不能被 6 整除又不能被 8 整除},

AB = {取得的整数既能被 6 整除又能被 8 整除},6 和 8 的最小公倍数为 24。

由于 $16 < \frac{100}{6} < 17$,因此 1 ~ 100 的整数中有 16 个整数能被 6 整除;$12 < \frac{100}{8} < 13$,因此 1 ~ 100 的整数中有 12 个整数能被 8 整除;$4 < \frac{100}{24} < 5$,因此 1 ~ 100 的整数中有 4 个整数既能被 6 整除又能被 8 整除。于是

$$P(A) = \frac{16}{100} = \frac{4}{25},\ P(B) = \frac{12}{100} = \frac{3}{25},\ P(AB) = \frac{4}{100} = \frac{1}{25}$$

$$P(A + B) = P(A) + P(B) - P(AB) = \frac{6}{25}$$

$$P(C) = P(\overline{A}\,\overline{B}) = P(\overline{A + B}) = 1 - P(A + B) = \frac{19}{25}$$

三、几何概型

古典概型的要求之一是实验结果为有限多个,若将此范围进行推广,即将有限多个推广到不可数个,就可以得到一个新的随机试验模型,称为几何概型。

定义 1-11 设有某个空间区域 Ω,实验的结果可用位于 Ω 内的某个随机点 ω 的位置来表示。假设随机点 ω 落在 Ω 中任意一个位置是等可能的,用事件 A 表示随机点落在一个子区域 S_A 内,则有

$$P(A) = \frac{|S_A|}{|\Omega|}$$

其中:若 $|\Omega|$ 为样本空间,Ω 对应的是直线长度,则 $|S_A|$ 为事件 A 所对

应的直线长度;若 $|\Omega|$ 为样本空间, Ω 对应的是平面面积,则 $|S_A|$ 为事件 A 所对应的平面面积。

几何概型满足如下两个特征。

(1) **无限性**:试验的可能结果为不可数个。

(2) **等可能性**:每个样本点出现的可能性相同。

例 1-18 某公交车站从上午 7 时起,每隔 30min 来一趟车。一乘客在 7:00～8:00 间随机到达车站,求:

(1) 该乘客等候不到 5min 即可上车的概率;

(2) 该乘客等候时间超过 10min 才上车的概率。

解:用 T 表示乘客到达时间, $\Omega = \{7:00 \leqslant T \leqslant 8:00\}$,记 A 为事件"乘客等候不到 5min 即可上车", B 为事件"乘客等候时间超过 10min 才上车",则

$$A = \{T = 7:00, 7:25 < T \leqslant 7:30, 7:55 < T \leqslant 8:00\}$$

$$B = \{7:00 < T < 7:20, 7:30 < T < 7:50\}$$

(1) $|\Omega| = 60$, $|S_A| = 10$, $P(A) = \dfrac{|S_A|}{|\Omega|} = \dfrac{10}{60} = \dfrac{1}{6}$;

(2) $|\Omega| = 60$, $|S_B| = 40$, $P(B) = \dfrac{|S_B|}{|\Omega|} = \dfrac{40}{60} = \dfrac{2}{3}$ 。

发现:在例 1-18 中,事件"乘客刚好在 7:00 到达车站"是会发生的,但是 $P\{T = 7:00\} = 0$ 。由概率的统计学定义结合无穷小的概念可知,当一个事件的概率为零时,并不能断定其为不可能事件!

第四节　条件概率与事件的独立性

一、条件概率

思考:某 4S 店对过去一个月前往维修的 27 辆新能源汽车进行故障分类,其中,蓄电池故障有 11 辆(其中充电故障 5 辆、其他蓄电池故障 6 辆)、电机故障 6 辆、控制系统故障 8 辆、空鼓故障 2 辆。在这 27 辆车里随机抽取一辆,出现蓄电池故障的概率是 $\dfrac{11}{27}$;若已知该辆车出现了蓄电池故障,则出现充电故障的概率是 $\dfrac{5}{11}$ 。

条件概率的定义

设事件 $A_1 = \{$车辆出现蓄电池故障$\}$, $B_1 = \{$车辆出现充电故障$\}$,则 $P(A_1) = \dfrac{11}{27}$, $P(B_1) = P(A_1B_1) = \dfrac{5}{27}$,若要表达类似于事件"已知该

辆车出现了蓄电池故障,则出现充电故障”的概率,则需要定义条件概率,它们的相同之处为“在某一条件已经发生的情况下,某事件出现的可能性”。

定义 1-12 设 A,B 为两个事件,且 $P(A)>0$,将已知事件 A 发生的条件下事件 B 发生的概率,称为在事件 A 发生的条件下事件 B 发生的**条件概率**,记为

$$P(B|A)=\frac{P(AB)}{P(A)} \tag{1-4}$$

例如,事件“**已知**该辆车出现了蓄电池故障,**则**出现充电故障”的概率可表示为

$$P(B_1|A_1)=\frac{P(A_1B_1)}{P(A_1)}=\frac{\frac{5}{27}}{\frac{11}{27}}=\frac{5}{11}$$

实际上,条件概率的出现,是因为某一些事件发生了,那么,可以理解为,已经发生的事件成为新的样本空间。一般来说,条件的出现意味着样本空间的缩小,进而在该新样本空间下,对事件进行重新运算。因此,条件概率同样满足概率的三个公理化定义。假设条件概率 $P(\cdot|A)$,则其满足:

(1)**非负性**:对于每一个事件 B,有 $P(B|A)\geqslant 0$;

(2)**规范性**:$P(\Omega|A)=1$;

(3)**可列可加性**:设 $B_1,B_2,\cdots,B_n,\cdots$ 为可数可列个两两互斥事件,则有

$$\begin{aligned}P(\bigcup_{i=1}^{\infty}B_i)&=P(B_1|A)+P(B_2|A)+\cdots+P(B_n|A)+\cdots\\&=\sum_{i=1}^{\infty}P(B_i|A)\end{aligned}$$

同样地,在相同条件下,条件概率满足下列性质:

(1)不可能事件的概率为零,即 $P(\varnothing|A)=0$;

(2)若 $B_1,B_2,\cdots,B_n$ 是两两互斥事件,则有

$$P(\bigcup_{i=1}^{n}B_i)=P(B_1)+P(B_2)+\cdots+P(B_n)=\sum_{i=1}^{n}P(B_i|A)$$

(3)设 B,C 是两个事件,若 $B\subset C$,则有

$P(C-B|A)=P(C|A)-P(B|A)$ 且 $P(C|A)\geqslant P(B|A)$

(4)对于任一事件 B,有 $P(B|A)\leqslant 1$;

(5)对于任一事件 B,有 $P(\overline{B}|A)=1-P(B|A)$;

(6)对于任意两个事件 B,C,有

$$P(B+C|A)=P(B|A)+P(C|A)-P(BC|A)$$

例 1-19 设某种动物从出生算起活 20 年以上的概率为 0.8，活 25 年以上的概率为 0.4。问现年 20 岁的这种动物，它能活到 25 岁以上的概率是多少？

解：设事件 A = {该动物活 20 年以上}，B = {该动物活 25 年以上}，则 $P(A)=0.8$，$P(B)=0.4$，且 $B\subset A$，$P(AB)=P(B)=0.4$

$$P(B\mid A)=\frac{P(AB)}{P(A)}=\frac{0.4}{0.8}=\frac{1}{2}$$

将式(1-4)进行整理，可得如下定理。

定理 1-1（乘法公式） 若 $P(B)>0$，则 $P(AB)=P(A\mid B)P(B)$；若 $P(A)>0$，则 $P(AB)=P(B\mid A)P(A)$。

实际上，乘法公式可以看作分步计数原理的概率展开。例如，当 $P(B)>0$ 时，若要求积事件 AB 的概率，则可分步观察：

①先观察事件 B 发生的概率；

②再观察在已知事件 B 发生的条件下，事件 A 发生的条件概率 $P(A|B)$；

③根据上述两个步骤可知 $P(AB)=P(A\mid B)P(B)$。

例 1-20 某厂生产某一批产品的废品率为 5%，而合格品中有 80% 是一等品。现从该批产品中抽取一个，观察其品质。求所取产品是一等品的概率。

解：设 A = {该产品是合格品}，B = {该产品是一等品}。

由题意可知 $P(A)=1-5\%=0.95$，$P(B\mid A)=0.8$，$B\subset A$，那么 $P(B)=P(AB)=P(B\mid A)P(A)=0.76$。

继续思考本节初提出的问题，若在大量数据经验的前提下，4S 店已经掌握一些数据，且一般认为新能源汽车出现故障的类型为蓄电池故障、电机故障、控制系统故障、空鼓故障。

设事件

A_1 = {车辆出现蓄电池故障}，$P(A_1)=\dfrac{1}{16}$；

A_2 = {车辆出现电机故障}，$P(A_2)=\dfrac{1}{32}$；

A_3 = {车辆出现控制系统故障}，$P(A_3)=\dfrac{1}{64}$；

A_4 = {车辆出现空鼓故障}，$P(A_4)=\dfrac{1}{64}$；

A_5 = {车辆没有故障}，$P(A_5)=\dfrac{7}{8}$。

$A_1,A_2,\cdots,A_5$ 为一个完备事件组。

设事件 B = {车辆无法正常行驶}，则在不同故障出现时，车辆无法正常行驶的概率为

$$P(A_1B)=\frac{1}{20},\ P(A_2B)=\frac{1}{4},\ P(A_3B)=\frac{1}{10},\ P(A_3B)=\frac{1}{12},$$

$$P(A_5B)=\frac{1}{100}$$

于是，该汽车出现无法正常行驶的可能性为

$$P(B)=P(B(A_1+A_2+A_3+A_4+A_5))=P(A_1B+A_2B+\cdots+A_5B)$$

由于 $A_1,A_2,\cdots,A_5$ 为一个完备事件组，因此 $A_1B,A_2B,\cdots,A_5B$ 两两互斥，则

$$P(B)=P(A_1B)+P(A_2B)+P(A_3B)+P(A_4B)+P(A_5B)$$

根据乘法公式得

$$P(B)=P(B|A_1)P(A_1)+P(B|A_2)P(A_2)+P(B|A_3)P(A_3)+P(B|A_4)P(A_4)+P(B|A_5)P(A_5)$$

也就是说，可以将事件 B 的出现"划分"给不同原因 $A_1,A_2,\cdots,A_5$，再进行条件分析。这就是全概率公式。

定理 1-2(全概率公式)　设 $A_1,A_2,\cdots,A_n$ 为一个完备事件组，那么，对于任一事件 B，均有 $P(B)=P(A_1)P(B|A_1)+P(A_2)P(B|A_2)+\cdots+P(A_n)P(B|A_n)$，即

$$P(B)=\sum_{i=1}^{n}P(A_i)P(B|A_i) \tag{1-5}$$

式(1-5)称为**全概率公式**。

例 1-21　有一批同一型号的产品，已知甲、乙、丙三个厂生产的分别占 20%、30%、50%，且这三个厂生产的产品的次品率分别为 2%、1.5%、1%，从这批产品中任取一件是次品的概率是多少？

解：设 A_1 = {该产品由甲厂生产}，A_2 = {该产品由乙厂生产}，A_3 = {该产品由丙厂生产}，B = {该产品为次品}。

已知 $P(A_1)=0.2$，$P(A_2)=0.3$，$P(A_3)=0.5$，$P(B|A_1)=0.02$，$P(B|A_2)=0.015$，$P(B|A_3)=0.01$，则根据全概率公式可知

$$\begin{aligned}P(B)&=P(A_1)P(B|A_1)+P(A_2)P(B|A_2)+P(A_3)P(B|A_3)\\&=0.2\times0.02+0.3\times0.015+0.5\times0.01\\&=0.0135\end{aligned}$$

从这批产品中任取一件是次品的概率是 1.35%。

当一辆新能源汽车因无法正常行驶而送进 4S 店维修时，维修技术人员将估计其可能出现了哪种故障，根据前文可知，若已知新能源汽车无法

正常行驶,则是由于蓄电池故障的可能性是 $P(A_1 | B)$,根据条件概率的定义可知

$$P(A_1 | B) = \frac{P(A_1B)}{P(B)}$$

再进一步根据乘法公式和全概率公式展开分子和分母:

$$P(A_1 | B) = \frac{P(B | A_1)P(A_1)}{\sum_{i=1}^{5} P(A_i)P(B | A_i)}$$

这就是著名的贝叶斯公式。

定理 1-3(贝叶斯公式) 设 A_1 , A_2 ,…, A_n 为一个完备事件组,那么,对于任一事件 $B[P(B)>0]$,有

$$P(A_i | B) = \frac{P(A_i)P(B | A_i)}{\sum_{j=1}^{n} P(A_j)P(B | A_j)} \quad (i = 1,2,\cdots,n)$$

此公式称为**贝叶斯公式**,也称为逆全概率公式。

例 1-22 有一批同一型号的产品,已知甲、乙、丙三个厂生产的分别占 20%、30%、50%,且这三个厂生产的产品的次品率分别为 2%、1.5%、1%。从这批产品中任取一件发现是次品,这件产品由甲厂生产的概率是多少?

解:由例 1-21 知, $P(A_1B) = P(A_1)P(B | A_1) = 0.004$, $P(B) = 0.0135$,则

$$P(A_1 | B) = \frac{P(A_1B)}{P(B)} = \frac{0.004}{0.0135} \approx 0.2963$$

例 1-23 以往数据的分析结果表明,某机器调整良好时,生产产品的合格率为 98%,而当机器发生某种故障时,生产产品的合格率为 55%。每天早上机器开动时,其调整良好的概率是 95%。试求当某日早上生产的第一件产品是合格品时,机器调整良好的概率是多少?

解:设事件 A = {机器调整良好},事件 B = {产品是合格品},已知

$P(B|A)=0.98, P(B|\bar{A})=0.55, P(A)=0.95, P(\bar{A})=0.05$,则

$$P(A | B) = \frac{P(A)P(B | A)}{P(A)P(B | A) + P(\bar{A})P(B | \bar{A})} = \frac{0.95 \times 0.98}{0.95 \times 0.98 + 0.05 \times 0.55} \approx 0.9713$$

也就是说,当某日早上生产的第一件产品是合格品时,机器调整良好的概率是 0.9713。

在例 1-23 中,0.95 是由以往的经验数据所得出的事件 A 的概率,称

为**先验概率**;而 0.9713 是在得到了某种信息后(也就是某个条件事件 B 发生后)所得出的事件 A 的概率,称为**后验概率**,也就是一种修正后的概率。事件 B 的发生,能帮助对事件 A 进行进一步了解,也就是会帮助去修正事件 A 出现的可能性。这在实际应用中的作用非常大。

例如,本节之初的新能源汽车故障分析就是这样的先验概率和后验概率的应用。在工作中,会根据大量的经验数据得到某些事件 A_i(原因,如车辆发生某种故障)出现的概率 $P(A_i)$,而在实际某一次工作中,发现某个现象 B 出现了,那么,如何去利用现象 B 的出现而修正事件 A_i 发生的可能性,也就是 $P(A_i \mid B)$。这些都属于**贝叶斯统计学**的领域。

***例 1-24** 某交通通信系统,假设其信号源发射 0、1 两个状态信号,其中发射 0 的概率为 0.58,发射 1 的概率为 0.42,信号源发射 0 时接收端分别以 0.92 和 0.08 的概率收到 0 和 1,信号源发射 1 时接收端分别以 0.94 和 0.06 的概率收到 1 和 0。求在接收端收到 0 的条件下,信号源发射的也是 0 的概率。

解:题干中涉及两类事件,“信号源发射信号结果”“接收端收到信号结果”。

设 $A = \{信号源发射信号为0\}$,$\bar{A} = \{信号源发射信号为1\}$,

$B = \{接收端收到信号为0\}$,$\bar{B} = \{接收端收到信号为1\}$。

由题干可知,$P(A) = 0.58$,$P(\bar{A}) = 0.42$,$P(B \mid A) = 0.92$,$P(\bar{B} \mid A) = 0.08$,$P(\bar{B} \mid \bar{A}) = 0.94$,$P(B \mid \bar{A}) = 0.06$,则

$$P(A \mid B) = \frac{P(AB)}{P(B)} = \frac{P(A)P(B \mid A)}{P(A)P(B \mid A) + P(\bar{A})P(B \mid \bar{A})} \approx 0.9549$$

因此,在接收端收到 0 的条件下,信号源发射的也是 0 的概率约为 0.9549。

二、事件的独立性

若两个事件 A,B 之间发生与否互不影响,可理解为 $P(B \mid A) = P(B)$ 或 $P(A \mid B) = P(A)$,则有如下结论。

定义 1-13 若两个事件 A,B 满足 $P(AB) = P(A)P(B)$,则称事件 A 和事件 B **相互独立**,简称事件 A 与事件 B 独立。否则,称事件 A 与事件 B 不独立。

例 1-25 某班级按顺序进行抽奖活动并制作了摇号池。摇号池中有 20 个球,其中 2 个红球,抽中红球即为中奖。抽奖者抽出球并观察其颜色后将球放回摇号池,方便下一次抽奖。求:

(1)第二位同学获奖的概率;

(2)在第一位同学获奖的条件下,第二位同学也获奖的概率;

(3)在第一位同学未获奖的条件下,第二位同学获奖的概率。

解:此为放回抽样,因此每一次抽奖都是独立的。

设事件$A=\{$第一位同学获奖$\}$,$B=\{$第二位同学获奖$\}$,事件A与事件B独立,则

$$P(A)=P(B)=\frac{1}{10},P(AB)=P(A)P(B)=\frac{1}{100}$$

(1) $P(B)=\frac{1}{10}$;

(2) $P(B|A)=P(B)=\frac{1}{10}$;

(3) $P(B|\overline{A})=\frac{P(\overline{A}B)}{P(\overline{A})}=\frac{P(B)-P(AB)}{1-P(A)}=\frac{1}{10}$;

发现:$P(B|\overline{A})=P(B)$,即事件B与事件$\overline{A}$独立。

结论:事件A与事件B独立,则A与$\overline{B}$、$\overline{A}$与B、$\overline{A}$与$\overline{B}$也独立。

推广:

(1)对于事件A_1,A_2,A_3,若存在$P(A_iA_j)=P(A_i)P(A_j)\ (i\neq j,i,j=1,2,3)$,则称**事件$A_1,A_2,A_3$两两独立**。

(2)对于事件A_1,A_2,A_3,若存在

$$\begin{cases}P(A_iA_j)=P(A_i)P(A_j) & (i\neq j,i,j=1,2,3)\\P(A_1A_2A_3)=P(A_1)P(A_2)P(A_3)\end{cases}$$

则称事件A_1,A_2,A_3 **相互独立**。

(3)对于若干个事件$A_1,A_2,\cdots,A_n$,若对任意的$0<k\leqslant n,k\in\mathbf{N}$,均存在

$$P(A_1A_2\cdots A_k)=P(A_1)P(A_2)\cdots P(A_k)$$

则称事件$A_1,A_2,\cdots,A_n$ **相互独立**。

三、伯努利概型

在实际问题中常常会遇到这样的情况:对于随机试验E,只关注事件A发生或不发生,也就是可人为地将结果分成两个:发生、不发生。其中,$P(A)=p,P(\overline{A})=1-p$。这样的试验$E$称为**伯努利试验**。将伯努利试验独立重复进行$n$次,称为**$n$重伯努利试验**。

由于n重伯努利试验的独立重复性,设C_i是第i次试验的结果,其为A或$\overline{A}$,则$C_1,C_2,\cdots,C_n$相互独立,因此

$$P(C_1C_2\cdots C_n) = P(C_1)P(C_2)\cdots P(C_n)$$

结合组合的运算,可知 n 重伯努利试验中事件 A 发生 k ($0 \leqslant k \leqslant n$) 次的概率为

$$p_k = P_n(k) = C_n^k p^k (1-p)^{n-k} \quad (k=0,1,2,\cdots,n)$$

将此概率称为**二项概率**,由伯努利试验和二项概率得到的概率模型称为**二项概型**或**伯努利概型**。

例 1-26　某电子元件连续运行 100h 而不出故障的概率为 0.8。现有 5 个该元件同时开始独立地运行,100h 后至少有 3 个元件仍正常运行的概率是多少?

解:将观察一个电子元件在 100h 后的运行状态视为一次伯努利试验,每次观察结果有两个,$A=\{$元件100h后运行正常$\}$,$\bar{A}=\{$元件100h后出现故障$\}$。

独立观察 5 次,即为 5 重伯努利试验。假设 k 为 5 个元件中正常运行的个数,则 $P\{k \geqslant 3\} = 1 - P\{k < 3\}$。

当 $k=0$ 时,$P\{k=0\} = C_5^0 0.8^0 \times 0.2^5 = 0.00032$;

当 $k=1$ 时,$P\{k=1\} = C_5^1 0.8^1 \times 0.2^4 = 0.0064$;

当 $k=2$ 时,$P\{k=2\} = C_5^2 0.8^2 \times 0.2^3 = 0.0512$;

则 $P\{k \geqslant 3\} = 1 - P\{k<3\} = 1 - P\{k=0\} - P\{k=1\} - P\{k=2\} = 0.94208$。

习　　题

一、选择题

1. 一个不透明的袋子中装有 5 个红球和 3 个蓝球,这些球除颜色外都相同。从袋子中随机摸出一个球,它是蓝球的概率为(　　)。

A. $\frac{3}{5}$　　B. $\frac{3}{8}$　　C. $\frac{5}{8}$　　D. $\frac{1}{3}$

2. 下列事件中,属于随机事件的是(　　)。

A. 太阳从东方升起

B. 掷一枚质地均匀的骰子,向上一面的点数是 7

C. 通常加热到 100℃时,水沸腾

D. 购买一张彩票,中奖

3. 从 1,2,3,4,5 这 5 个数字中任取两个不同的数字,构成一个两位数,则这个两位数大于 40 的概率是(　　)。

A. $\frac{2}{5}$　　B. $\frac{3}{5}$　　C. $\frac{3}{10}$　　D. $\frac{1}{5}$

4. 设事件 A,B，已知 $P(A)=\frac{1}{5}, P(B|A)=\frac{1}{3}, P(B|\bar{A})=\frac{2}{3}$，则 $P(A|B)=$（　　）。

A. $\frac{1}{5}$　　B. $\frac{2}{15}$　　C. $\frac{1}{9}$　　D. $\frac{1}{3}$

5. 已知 $P(A)=0.6, P(B)=0.8, A\subset B$，则 $P(A|B)=$（　　）。

A. 0.6　　B. 0.75　　C. 0.8　　D. 1

6. 若事件 A 和 B 是相互独立的事件，且 $P(A)=0.4, P(A+B)=0.7$，则 $P(B)=$（　　）。

A. 0.3　　B. 0.4　　C. 0.5　　D. 0.6

二、填空题

1. 一个口袋中有 3 个红球和 2 个白球，每次从中任取 1 个球，取出后不放回，连续取两次，则第二次取到红球的概率是________。

2. 一个口袋中有 n 个白球和 m 个黑球，从中不放回地抽取 2 个球，在第一次抽到白球的条件下，第二次抽到黑球的概率是________。

3. 已知 $P(A)=0.4, P(B)=0.3, P(A+B)=0.6$，则 $P(A|B)=$________。

4. 设随机事件 A,B，已知 $P(A)=0.6, P(B)=0.4$，且事件 A 与事件 B 相互独立，则 $P(A+B)=$________。

三、计算题

1. 某射击运动员进行射击训练，每次射击击中目标的概率为 0.8，现进行 3 次独立射击，这就是一个随机试验，求：

(1) 3 次都击中目标的概率；

(2) 恰有 2 次击中目标的概率；

(3) 至少有 1 次击中目标的概率。

2. 甲、乙两人独立地破译一份密码，已知甲破译成功的概率为 0.6，乙破译成功的概率为 0.7，求：

(1) 甲、乙两人都破译成功的概率；

(2) 恰有一人破译成功的概率；

(3) 密码被破译的概率。

3. 甲、乙、丙、丁 4 名同学站成一排照相，求：

(1) 甲、乙两人相邻的概率；

(2) 甲、乙两人不相邻的概率。

4. 在棱长为 2 的正方体 $ABCD-A_1B_1C_1D_1$ 内随机取一点 M,求点 M 到正方体中心的距离不大于 1 的概率。

5. 甲、乙两人参加一项知识竞赛,共有 10 道题目,其中 6 道选择题,4 道填空题,甲、乙两人依次各抽一题,在甲抽到选择题的条件下,乙抽到填空题的概率是多少?

拓展阅读

有趣的贝叶斯统计学

英国学者托马斯·贝叶斯在《论有关机遇问题的求解》中提出一种归纳推理的理论,后被一些统计学者发展为一种系统的统计推断方法,称为贝叶斯方法。采用这种方法进行统计推断所得的全部结果,构成贝叶斯统计学的内容。贝叶斯统计学是统计学的一个分支,它基于贝叶斯定理,用于推断未知参数的概率分布。贝叶斯统计学与传统的频率统计学(或称频率派统计学)在方法论上有显著不同。

贝叶斯定理是贝叶斯统计学的核心,根据贝叶斯定理,提出了以下两种概率。

先验概率:在进行实验或观察之前,根据以往经验和知识对某事件发生的概率的估计。

后验概率:在考虑相关证据或数据后,对先验概率的修正。

而统计学中常用的贝叶斯推断使用贝叶斯定理结合先验知识和新的数据来更新对某个参数或假设的概率估计。贝叶斯统计学如今被广泛应用于各种领域中。

1. 机器学习与人工智能

分类与回归问题:贝叶斯方法被用于构建分类器和回归模型,如朴素贝叶斯分类器、贝叶斯网络和贝叶斯回归。

模型不确定性量化:通过后验概率分布,可以量化模型预测的不确定性。

强化学习:在强化学习中,贝叶斯方法可以用来处理不确定性和探索-利用困境。

2. 数据科学

参数估计:使用贝叶斯方法可以给出参数的概率分布,而不仅仅是点估计。

假设检验:贝叶斯因子可以用来比较不同模型或假设的相对证据强度。

3. 医学研究

疾病诊断：贝叶斯定理可以结合先验知识和新的测试结果来更新患者患病的概率。

临床试验分析：贝叶斯方法可以用于临床试验的设计和分析，尤其是在样本量较小的情况下。

4. 经济学

预测分析：在宏观经济预测和金融市场分析中，贝叶斯模型可以结合先验信息和最新数据进行预测分析。

决策理论：贝叶斯决策理论提供了一种在不确定性下作出最优决策的框架。

5. 信息技术

信息检索：在搜索引擎和推荐系统中，贝叶斯方法用于改善检索效果。

网络分析：贝叶斯网络可以用于分析复杂网络的结构和动态。

贝叶斯统计学的上述应用展示了其在处理不确定性和复杂性问题时的强大能力。随着计算机性能的提升和算法的发展，贝叶斯方法在各个领域的应用将会更加广泛和深入。

第二章　随机变量及其分布

第一章已经发现一个随机试验的所有可能结果组成一个样本空间，有的样本空间是数集，如掷一颗骰子观察点数；有的样本空间是质性集合，如从某学校挑选一名同学观察其性别。而数理统计学则是研究数量关系的一门学科，因此，在这一章，会将所有的样本空间"映射"成数集来研究。

第一节　随机变量的概念与离散型随机变量

一、随机变量的概念

这里先讨论样本空间与数集的映射关系。

例如，在第一章的样本空间中：

$E_1:\Omega_1=\{1,2,3,4,5,6\}$；

$E_2:\Omega_2=\{x\in\mathbf{R}\mid 150\leqslant x\leqslant 220\}$；

$E_3:\Omega_3=\{$出现，未出现$\}$。

E_1 和 E_2 都是数集，对于样本空间 E_3，可以建立一个实单值映射关系：

$$E_3\xrightarrow{f}W_3=\{0,1\}$$

其中：$f($出现$)=1$；$f($不出现$)=0$。

建立如上的映射之后，可以通过研究数集 W_3 来替代研究样本空间 E_3。而数集 W_3 也可以看作数量化后的样本空间。

随机变量的概念

又如，随机试验为"从 2024 级某个班级 40 名同学中，抽取一位同学观察其学号"，则其样本空间如下：

$$E_4=\{20240001,20240002,\cdots,20240040\}$$

样本空间虽是数集，但其元素较复杂，同样可以建立一个实单值映射关系：

$$E_4 \xrightarrow{g} W_4 = \{0,1,2,\cdots,40\}$$

其中：$g(x) = x - 20240000, x \in E_4$。

建立如上的映射之后，可以通过研究数集 W_4 来替代研究样本空间 E_4。而数集 W_4 也可以看作数量化后的样本空间。

对于映射 f,g，均是从样本空间映射出的实单值函数，其目的是将质性样本空间数量化或者将复杂的数量化样本空间简单化，这样的映射是一种特殊函数，也就是一种特殊的变量。

定义 2-1 定义在样本空间 Ω 上的一个实单值函数：

$$X: \omega \in \Omega \to X(\omega) \in \mathbf{R}$$

称 $X(\omega)$ 为**随机变量**，简记为 X。

随机变量常用大写字母 X,Y,Z 等表示，其对应取值可用小写字母 x，y,z 等表示。

注意：

(1) 随机变量 X 的定义域为样本空间 Ω，而样本空间不一定是实数集合；

(2) 随机变量 X 的取值是随机的，它的每一个可能取值都有一定的概率；

(3) 随机变量 X 是随机事件的数量化，即 X 的任意范围都表示随机事件；

(4) $X_1: E_1 \to E_1$ 也是随机变量，就是说以数集形式出现的样本空间，可以作为映射到它自身的随机变量。

随机变量按其取值情况，可分为两类：离散型随机变量和非离散型随机变量。非离散型随机变量又包含**连续型随机变量**和**综合型随机变量**。在实际应用中，大部分出现的都是离散型随机变量和连续型随机变量。综合型随机变量的研究较复杂。本书主要介绍离散型随机变量和连续型随机变量。

例 2-1 引入适当的随机变量描述下列事件：

(1) 将 5 个球随机地放入 5 个格子中，事件 $A=\{$有 1 个空格$\}$，$B=\{$有 2 个空格$\}$，$C=\{$5 个格子中全有球$\}$；

(2) 进行 3 次试验，事件 $D=\{$试验成功 1 次$\}$，$E=\{$试验至少成功 1 次$\}$，$F=\{$试验至多成功 2 次$\}$。

解：(1) 根据事件 A,B,C 的描述特征，引入随机变量 X：空格数；

(2) 根据事件 D,E,F 的描述特征，引入随机变量 Y：试验成功次数。

二、离散型随机变量

1. 离散型随机变量的概念

定义 2-2　如果随机变量 X 的所有可能取值是有限个或者可数可列个，则称随机变量 X 为**离散型随机变量**。

例如，掷一颗骰子观察其点数、某同学投 10 次篮的命中数、某银行一天接待的顾客人次等，都可以用离散型随机变量来描述。

定义 2-3　设离散型随机变量 X 所有可能的取值为 $x_1, x_2, \cdots, x_n, \cdots$，取这些值的概率为

$$P\{X = x_i\} = p_i \quad (i = 1,2,\cdots,n,\cdots) \tag{2-1}$$

且满足

(1) 非负性：$p_i \geqslant 0 (i = 1,2,\cdots,n,\cdots)$；

(2) 完备性：$\{X = x_i\} \cap \{X = x_j\} = \varnothing (i \neq j)$ 且 $\sum_{k=1}^{\infty} p_k = 1$，则称式(2-1)为**离散型随机变量 X 的分布律（概率分布）**，也可表示为表格的形式：

X	x_1	x_2	$\cdots$	x_n	$\cdots$
P	p_1	p_2	$\cdots$	p_n	$\cdots$

例 2-2　用随机变量描述随机试验：掷一颗骰子。

解：令随机变量 X 表示骰子出现的点数，则其所有可能取值 $X = 1,2,3,4,5,6$，且 $P\{X = k\} = \frac{1}{6}, k = 1,2,3,4,5,6$，随机变量的分布律可表示为

X	1	2	3	4	5	6
P	$\frac{1}{6}$	$\frac{1}{6}$	$\frac{1}{6}$	$\frac{1}{6}$	$\frac{1}{6}$	$\frac{1}{6}$

例 2-3　设有 10 件产品，其中 6 件正品，4 件次品，从中任取 3 件，记 X 为次品的件数，求 X 的分布律。

解：X 的可能取值为 0,1,2,3。

当 $X = 0$ 时，取得的 3 件都是正品，其概率为 $P\{X = 0\} = \frac{C_6^3}{C_{10}^3} = \frac{1}{6}$；

当 $X = 1$ 时，取得的为 2 件正品 1 件次品，其概率为 $P\{X = 1\} = \frac{C_6^2 C_4^1}{C_{10}^3} = \frac{1}{2}$；

$X = 2$ 时，取得的为 1 件正品 2 件次品，其概率为 $P\{X = 2\} = \frac{C_6^1 C_4^2}{C_{10}^3} = \frac{3}{10}$；

离散型
随机变量

$X=3$ 时,取得的 3 件都是次品,其概率为 $P\{X=3\}=\dfrac{C_4^3}{C_{10}^3}=\dfrac{1}{30}$。

随机变量 X 的分布律也可表示为

X	0	1	2	3
P	$\frac{1}{6}$	$\frac{1}{2}$	$\frac{3}{10}$	$\frac{1}{30}$

随机变量 X 的任意取值范围都表示随机事件,如例 2-3 中,$\{X\leqslant 2\}$ 表示事件{次品数不超过 2},$\{X\leqslant 2\}$ 包含 3 个不同的随机变量,取值为 0,1,2。由于随机变量不同取值之间互斥,因此可知

$$P\{X\leqslant 2\}=P\{X=0\}+P\{X=1\}+P\{X=2\}$$

而且,$\{X\leqslant 2\}$ 的对立事件为 $\{X>2\}$,根据对立事件的运算特征可知

$$P\{X\leqslant 2\}=1-P\{X>2\}=1-P\{X=3\}$$

将此进行推广可知:离散型随机变量 X 落在某范围 D 内的概率等于其落在该范围内所有取值对应的概率之和,即

$$P\{X\in D\}=\sum_{x_i\in D}p_i \text{ 且 } P\{X\in \Omega-D\}=1-\sum_{x_i\in D}p_i$$

2. 几种常见的离散型随机变量

1)0 - 1 分布(两点分布)

在第一章介绍过伯努利试验,该试验的特点是关注两个结果:事件 A 发生或不发生。可将“发生”对应数“1”,“不发生”对应数“0”,得出一个随机变量。本节之初的 $E_3 \xrightarrow{f} W_3=\{0,1\}$,同样也是类似的映射结果。

定义 2-4 设离散型随机变量 X 只能取 0 和 1 两个值,其分布律为

$$P\{X=k\}=p^k(1-p)^{1-k}\quad(0<p<1,k=0,1)$$

则称随机变量 X 服从 **0 - 1 分布(两点分布)**,其分布律可以表示为

X	0	1
P	$1-p$	p

例 2-4 某电子元件连续运行 100h 而不出故障的概率为 0.8。取一个该元件观察其连续运行 100h 后的状态。随机变量为 X,其中正常运作记为 $X=1$,出现故障记为 $X=0$。写出随机变量 X 的分布律。

解:由题意知,X 服从 0 - 1 分布,因此其分布律为

X	0	1
P	0.2	0.8

2)二项分布

对于 n 重伯努利试验,若观察事件 A 出现的次数,则可令事件 A 发生的次数为随机变量 X_1 ,且 $p_k = P_n(k) = C_n^k p^k (1-p)^{n-k}, k = 0,1,2,\cdots,n$ 。

定义 2-5　n 重伯努利试验中,事件 A 发生的次数记为 X ,每次试验中事件 A 发生的概率为 $p(0 < p < 0)$,那么 X 是一个离散型随机变量,它的分布律为

$$P\{X = k\} = C_n^k p^k (1-p)^{n-k} \quad (k = 0,1,2,\cdots,n) \tag{2-2}$$

称 X 服从参数为 n,p 的**二项分布**,记为 $X \sim B(n,p)$ 。

例 2-5　某电子元件连续运行 100h 而不出故障的概率为 0.8。现有 5 个该元件同时开始独立地运行,列出 100h 后正常运行的元件个数 X 的分布律并计算 100h 后至少有 2 个元件正常运行的概率。

解:随机变量 $X \sim B(5,0.8)$,其所有可能取值为 0,1,2,3,4,5。

当 $k = 0$ 时, $P\{k = 0\} = C_5^0 0.8^0 \times 0.2^5 = 0.00032$;

当 $k = 1$ 时, $P\{k = 1\} = C_5^1 0.8^1 \times 0.2^4 = 0.0064$;

当 $k = 2$ 时, $P\{k = 2\} = C_5^2 0.8^2 \times 0.2^3 = 0.0512$;

当 $k = 3$ 时, $P\{k = 3\} = C_5^3 0.8^3 \times 0.2^2 = 0.2048$;

当 $k = 4$ 时, $P\{k = 4\} = C_5^4 0.8^4 \times 0.2^1 = 0.4096$;

当 $k = 5$ 时, $P\{k = 5\} = C_5^5 0.8^5 \times 0.2^0 = 0.32768$ 。

其分布律可表示为

X	0	1	2	3	4	5
P	0.00032	0.0064	0.0512	0.2048	0.4096	0.32768

因此, $P\{X \geqslant 2\} = 1 - P\{X < 2\} = 1 - P\{X = 0\} - P\{X = 1\} = 0.99328$ 。

3)泊松分布

有一随机变量 X_2 为某银行一日之内接待的客户人次,则随机变量的所有可能取值为 $0,1,2,\cdots$ 。形如 X_2 的随机变量均符合如下特征:某事件在单位时间内发生的次数。

设离散型随机变量 X 所有可能的取值为 $0,1,2,\cdots$,取各个值的概率为

$$P\{X = k\} = \frac{\lambda^k e^{-\lambda}}{k!} \quad (k = 0,1,2,\cdots) \tag{2-3}$$

其中: $\lambda > 0$ 。则称 X 服从参数为 λ 的**泊松分布**,记为 $X \sim P(\lambda)$ 。

例 2-6　某城市每天发生火灾的次数 X 服从参数为 $\lambda = 0.8$ 的泊松分布,求该城市一天内发生火灾的概率。

解:由题意可知 $X \sim P(0.8)$,因此

$$P\{X \geqslant 1\} = 1 - P\{X < 1\} = 1 - P\{X = 0\} = 1 - \frac{0.8^0}{0!}e^{-0.8}$$

泊松分布的计算较为复杂,其具体结果通常通过查附表 1 泊松分布表得到。

经查表,得 $P\{X \geqslant 1\} = 1 - 0.4493 = 0.5507$ 。

例 2-7 某汽车厂商生产一款汽车,根据过往经验,该汽车行驶里程在一万公里内出现故障的概率为 0.02。该厂商为更好地研究研究汽车的性能,随机独立观察了 400 辆新车在行驶一万公里后的情况,试求出现过故障的车辆数不少于 2 的概率。

解:设 X 表示出现过故障的车辆数,则

$$X \sim B(400, 0.02)$$

$$P\{X \geqslant 2\} = 1 - P\{X < 2\} = 1 - P\{X = 0\} - P\{X = 1\}$$
$$= 1 - C_{400}^{0} 0.02^0 \times 0.98^{400} - C_{400}^{1} 0.02^1 \times 0.98^{399}$$

由于 n 过大,导致概率计算变得复杂,在实际应用中,当伯努利试验的次数越来越多时,会利用泊松分布来逼近二项分布,下面介绍泊松定理。

定理 2-1(泊松定理) 设 λ 是一个常数, n 是任意正整数,设 $np_n = \lambda$,则对于任一固定的非负整数 k ,有

$$\lim_{n \to \infty} C_n^k p_n^k (1 - p_n)^{n-k} = \frac{\lambda^k e^{-\lambda}}{k!} \tag{2-4}$$

由于 $np_n = \lambda$ 为常数,若 $n \to \infty$,则 p_n 必定较小。因此一般来说,若 n 较大,则

$$C_n^k p_n^k (1 - p_n)^{n-k} \approx \frac{\lambda^k e^{-\lambda}}{k!}$$

即当 n 较大且 p 较小时,可将二项分布 $X \sim B(n,p)$ 近似看作 $X \sim P(\lambda)$,其中 $np = \lambda$。

因此,对于例 2-7,可取 $\lambda = np = 400 \times 0.02 = 8$,则出现过故障的车辆数不少于 2 的概率为

$$P\{X \geqslant 2\} = 1 - P\{X < 2\} = 1 - \frac{8^0}{0!}e^{-8} - \frac{8}{1!}e^{-8}$$

经查附表 1 可知, $P\{X \geqslant 2\} = 1 - 0.4493 - 0.3595 = 0.1912$ 。

例 2-8 一繁忙的汽车站,每天有大量汽车通过。设一辆汽车在一天的某段时间内出事故的概率为 0.0001。已知在某天的该段时间内,有 1000 辆汽车通过。求出事故的车辆数少于 2 的概率。

解:令随机变量 X 为出事故的车辆数,则 $X \sim B(1000, 0.0001)$,但由

于 $n = 1000$ 较大,因此,将 X 近似看作服从参数为 $\lambda = 1000 \times 0.0001 = 0.1$ 的泊松分布,则

$$P\{X < 2\} = P\{X = 0\} + P\{X = 1\} = \frac{0.1^0}{0!}e^{-0.1} + \frac{0.1^1}{1!}e^{-0.1} = 1.1e^{-0.1}$$

经查附表 1 可知, $P\{X < 2\} = 0.9048 + 0.0905 = 0.9953$ 。

4)超几何分布

定义 2-6　形如例 2-3,在含有 M 件次品的 N 件产品中任取 n 件,其中恰有 k 件次品,则事件发生的概率为

$$P\{X = k\} = \frac{C_M^k C_{N-M}^{n-k}}{C_N^n} \quad (k = 0,1,2,\cdots,m) \tag{2-5}$$

其中: $n \leqslant N, M \leqslant N, n, M, N \in \mathbf{N}^*$; $m = \min\{M,n\}$ 。称该分布律为超几何分布律,则称随机变量 X 服从**超几何分布**,记为 $X \sim H(N,M,n)$ 。

例 2-9　从装有 3 个红球、2 个白球的袋中随机抽出 2 个球,求取得红球个数 X 的分布律。

解:由题意可知, $X \sim H(5,3,2)$,则 $P\{X = k\} = \dfrac{C_3^k C_2^{2-k}}{C_5^2}, k = 0,1,2$。

当 $X = 0$ 时, $P\{X = 0\} = \dfrac{1}{10}$;

当 $X = 1$ 时, $P\{X = 1\} = \dfrac{3}{5}$;

当 $X = 2$ 时, $P\{X = 2\} = \dfrac{3}{10}$ 。

其分布律为:

X	0	1	2
P	$\frac{1}{10}$	$\frac{3}{5}$	$\frac{3}{10}$

5)几何分布

定义 2-7　若离散型随机变量 X 的分布律为

$$P\{X = k\} = (1-p)^{k-1}p \quad (0 < p < 1, k = 1,2,3,\cdots) \tag{2-6}$$

则称随机变量 X 服从参数为 p 的**几何分布**,记为 $X \sim G(p)$ 。

例 2-10　某射击选手有 5 发子弹,射击一次的命中率为0.9。该选手向某射击物进行射击,命中后就立即停止射击,直到子弹耗尽。求耗用子弹数 X 的分布律。

解:根据题意可知,耗用子弹数的分布律为

$$P\{X = k\} = \begin{cases} 0.1^{k-1} \times 0.9 & (k = 1,2,3,4) \\ 0.1^4 & (k = 5) \end{cases}$$

当 $X=1$ 时, $P\{X=1\}=0.9$;
当 $X=2$ 时, $P\{X=2\}=0.1\times 0.9=0.09$;
当 $X=3$ 时, $P\{X=3\}=0.1^2\times 0.9=0.009$;
当 $X=4$ 时, $P\{X=4\}=0.1^4\times 0.9=0.0009$;
当 $X=5$ 时, $P\{X=5\}=0.1^4=0.0001$ 。

其分布律可表示为:

X	1	2	3	4	5
P	0.9	0.09	0.009	0.0009	0.0001

第二节　随机变量的分布函数

第一节中已经知道如何求离散型随机变量落在某范围内的概率,本节将学习如何利用统一的表达方式来表示随机变量落在某一范围内的事件及概率。

一、分布函数的概念

发现下列事件间的关系:

(1) $\{a<X\leqslant b\}=\{X\leqslant b\}-\{X\leqslant a\}$;

(2) $\{X<a\}=\{X\leqslant a\}-\{X=a\}$;

(3) $\{X>b\}=\mathbf{R}-\{X\leqslant b\}$;

(4) $\{X\geqslant b\}=\mathbf{R}-\{X\leqslant b\}+\{X=b\}$ 。

在上述事件关系中,所有事件均能由形如 $\{X\leqslant a\}$ 的事件来表达。

定义 2-8　设 X 是一个随机变量, x 是任意实数,函数

$$F(x)=P\{X\leqslant x\}\quad(-\infty<x<+\infty)$$

称为随机变量 X 的**分布函数**。分布函数 $F(x)$ 表示随机变量 X 落在 $(-\infty,x]$ 上的概率。

分布函数 $F(x)$ 的性质如下:

(1) $F(x)$ 的定义域为 $\mathbf{R}$,值域为 $[0,1]$;

(2) $F(x)$ 是单调不减函数,即若 $x_1<x_2$,则有 $F(x_1)\leqslant F(x_2)$;

(3) $F(x)$ 在定义域内满足右连续性,即 $\lim\limits_{x\to x_0^+}F(x)=F(x_0+0)=F(x_0)$;

(4) $\lim\limits_{x\to-\infty}F(x)=0$, $\lim\limits_{x\to+\infty}F(x)=1$;

(5) $P\{a<X\leqslant b\}=F(b)-F(a)$, $P\{X>a\}=1-P\{X\leqslant a\}=$

$1-F(a)$，$P\{x<a\}=F(a)-P\{x=a\}$，$P\{x\geqslant a\}=1-F(a)+P\{x=a\}$。

例 2-11 设随机变量 X 的分布律为

X	0	1	2
P	$\frac{1}{3}$	$\frac{1}{6}$	$\frac{1}{2}$

求随机变量 X 的分布函数。

解：当 $x<0$ 时，$F(x)=P\{X\leqslant x\}=0$；

当 $0\leqslant x<1$ 时，$F(x)=P\{X\leqslant x\}=P\{X=0\}=\frac{1}{3}$；

当 $1\leqslant x<2$ 时，$F(x)=P\{X\leqslant x\}=P\{X=0\}+P\{X=1\}=\frac{1}{3}+\frac{1}{6}=\frac{1}{2}$；

当 $x\geqslant 2$ 时，$F(x)=P\{X\leqslant x\}=P\{X=0\}+P\{X=1\}+P\{X=2\}=\frac{1}{3}+\frac{1}{6}+\frac{1}{2}=1$。

因此，随机变量 X 的分布函数为

$$F(x)=\begin{cases}0 & (-\infty<x<0)\\ \frac{1}{3} & (0\leqslant x<1)\\ \frac{1}{2} & (1\leqslant x<2)\\ 1 & (2\leqslant x<+\infty)\end{cases}$$

分布函数的图像如图 2-1 所示。

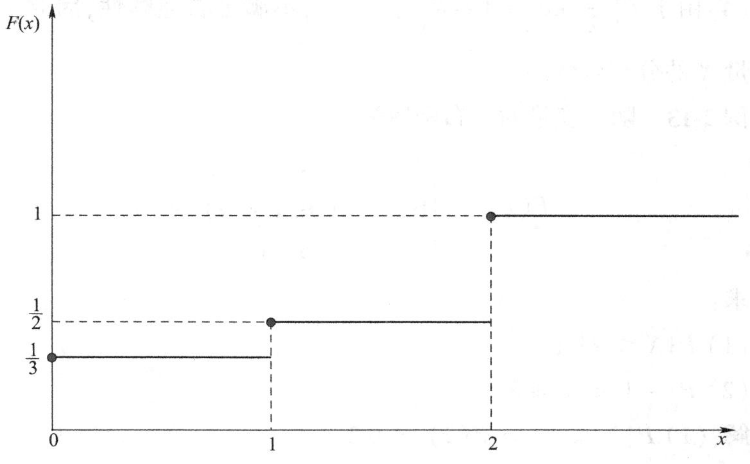

图 2-1 例 2-11 图

例 2-12 下列函数中,哪个可能是随机变量 X 的分布函数?

(1) $F(x) = \begin{cases} 0 & (x < -2) \\ \dfrac{1}{2} & (-2 \leqslant x < 0) \\ 2 & (x \geqslant 0) \end{cases}$

(2) $F(x) = \begin{cases} 0 & (x < 0) \\ \sin x & (0 \leqslant x < \pi) \\ 2 & (x \geqslant \pi) \end{cases}$

(3) $F(x) = \begin{cases} 0 & (x < 0) \\ \sin x & (0 \leqslant x < \dfrac{\pi}{2}) \\ 1 & (x \geqslant \dfrac{\pi}{2}) \end{cases}$

(4) $F(x) = \begin{cases} 0 & (x \leqslant 0) \\ x + \dfrac{1}{3} & (0 < x < \dfrac{1}{2}) \\ 1 & (x \geqslant \dfrac{1}{2}) \end{cases}$

解:(1) 由于当 $x \geqslant 0$ 时, $F(x) = 2 > 1$,不满足 $0 \leqslant F(x) \leqslant 1$,因此不是随机变量 X 的分布函数;

(2) 当 $0 \leqslant x < \pi$ 时, $F(x) = \sin x$ 不具备单调性,即 $F(x)$ 不满足为单调不减函数,因此不是随机变量 X 的分布函数;

(3) $F(x)$ 符合分布函数的概念及性质,可能是随机变量 X 的分布函数;

(4) 由于 $F\left(\dfrac{1}{2}+0\right)=1 \neq F\left(\dfrac{1}{2}\right)=\dfrac{5}{6}$,不满足右连续性,因此不是随机变量 X 的分布函数。

例 2-13 随机变量的分布函数为

$$F(x) = \begin{cases} 0 & (x < 1) \\ \ln x & (1 \leqslant x < e) \\ 1 & (x \geqslant e) \end{cases}$$

求:

(1) $P\{X \leqslant 2\}$;

(2) $P\{-1 < X \leqslant 3\}$ 。

解:(1) $P\{X \leqslant 2\} = F(2) = \ln 2$;

(2) $P\{-1 < X \leqslant 3\} = F(3) - F(-1) = 1$ 。

二、离散型随机变量的分布函数

对于离散型随机变量,其分布函数可以表示为

$$F(x) = \sum_{x_i \leqslant x} p_i \tag{2-7}$$

例 2-14　设离散型随机变量 X 的分布律为:

X	-2	-1	0	1	2
P	$\frac{1}{5}$	$\frac{1}{6}$	$\frac{1}{5}$	$\frac{1}{15}$	$\frac{11}{30}$

求随机变量 X 的分布函数。

解:当 $x < -2$ 时,$F(x) = 0$;

当 $-2 \leqslant x < -1$ 时,$F(x) = \frac{1}{5}$;

当 $-1 \leqslant x < 0$ 时,$F(x) = \frac{1}{5} + \frac{1}{6} = \frac{11}{30}$;

当 $0 \leqslant x < 1$ 时,$F(x) = \frac{1}{5} + \frac{1}{6} + \frac{1}{5} = \frac{17}{30}$;

当 $1 \leqslant x < 2$ 时,$F(x) = \frac{1}{5} + \frac{1}{6} + \frac{1}{5} + \frac{1}{15} = \frac{19}{30}$;

当 $2 \leqslant x < +\infty$ 时,$F(x) = \frac{1}{5} + \frac{1}{6} + \frac{1}{5} + \frac{1}{15} + \frac{11}{30} = 1$。

因此,随机变量 X 的分布函数为

$$F(x) = \begin{cases} 0 & (x < -2) \\ \frac{1}{5} & (-2 \leqslant x < -1) \\ \frac{11}{30} & (-1 \leqslant x < 0) \\ \frac{17}{30} & (0 \leqslant x < 1) \\ \frac{19}{30} & (1 \leqslant x < 2) \\ 1 & (2 \leqslant x < +\infty) \end{cases}$$

分布函数的图像如图 2-2 所示。

离散型随机变量的分布函数

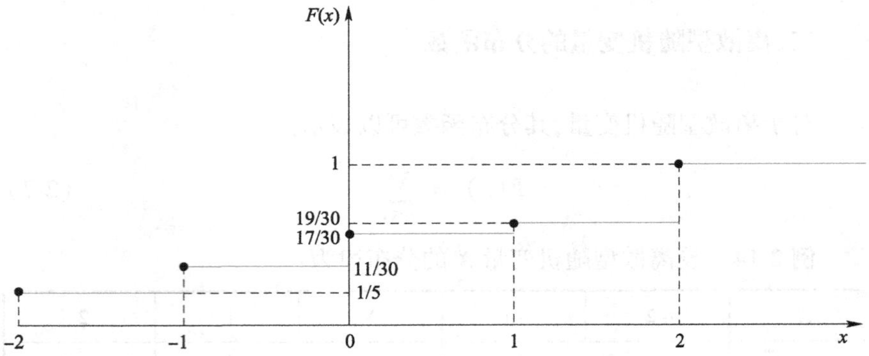

图 2-2　例 2-14 图

观察图 2-1 和图 2-2,可以看出,离散型随机变量 X 的分布函数的图像是阶梯形式跳跃的曲线,其含有跳跃间断点,而这些跳跃间断点实际上是随机变量 X 的可能取值。因此,若已知离散型随机变量的分布函数,可通过寻找分布函数的跳跃间断点来确定随机变量的所有可能取值,而该点处的概率为

$$P\{X = x_k\} = F(x_k) - F(x_k - 0)$$

例 2-15　已知离散型随机变量 X 的分布函数为

$$F(x) = \begin{cases} 0 & (x < -1) \\ 0.4 & (-1 \leqslant x < 1) \\ 0.8 & (1 \leqslant x < 3) \\ 1 & (3 \leqslant x < +\infty) \end{cases}$$

求随机变量 X 的分布律。

解:离散型随机变量 X 有 3 个跳跃间断点,这些跳跃间断点均为随机变量的可能取值,因此 $X = -1,1,3$,

$$P\{X = -1\} = F(-1) - F(-1 - 0) = 0.4 - 0 = 0.4$$

$$P\{X = 1\} = F(1) - F(1 - 0) = 0.8 - 0.4 = 0.4$$

$$P\{X = 3\} = F(3) - F(3 - 0) = 1 - 0.8 = 0.2$$

离散型随机变量 X 的分布律为

X	−1	1	3
P	0.4	0.4	0.2

第三节　连续型随机变量及其概率密度

第二节发现随机变量落在任一区间范围内的概率都可以由分布函数

来表达。离散型随机变量落在某区间内的概率等于落在该区间内所有可能取值对应概率之和。本节将学习另一类随机变量——连续型随机变量的概念及其落在某区间内的概率表达。

一、连续型随机变量的概念

定义 2-9 随机变量 X 的分布函数为 $F(x)$，若存在非负可积函数 $f(x)$，使得对于任意实数 x，均有

$$F(x) = \int_{-\infty}^{x} f(t)\mathrm{d}t \quad (-\infty < x < +\infty) \tag{2-8}$$

则称 X 为**连续型随机变量**，称 $f(x)$ 为 X 的**概率密度函数**，简称**概率密度**。概率密度函数的图像称为**密度曲线**。

下面结合微积分知识，来理解概率密度函数的性质：

(1)完备性：$P\{-\infty < X < +\infty\} = \lim\limits_{x \to +\infty} F(x) = \int_{-\infty}^{+\infty} f(x)\mathrm{d}x = 1$；

(2)连续型随机变量落在某区间内的概率为

$$P\{a < X \leqslant b\} = F(b) - F(a) = \int_{a}^{b} f(t)\mathrm{d}t$$

(3)连续型随机变量 X 取某一实数值的概率为零，即

$$P\{X = x\} = \int_{x}^{x} f(t)\mathrm{d}t = 0$$

(4)连续型随机变量在任意区间上取值的概率与端点无关，即

$$P\{a < X < b\} = P\{a < X \leqslant b\} = P\{a \leqslant X < b\}$$

$$= P\{a \leqslant X \leqslant b\} = \int_{a}^{b} f(t)\mathrm{d}t$$

(5)根据对立事件的特点及微积分的可加性可知

$$P\{X > a\} = 1 - F(a) = \int_{-\infty}^{+\infty} f(t)\mathrm{d}t - \int_{-\infty}^{a} f(t)\mathrm{d}t = \int_{a}^{+\infty} f(t)\mathrm{d}t$$

结合微积分知识分析：根据积分上限函数的求导特征，可知

$$F'(x) = \left(\int_{-\infty}^{x} f(t)\mathrm{d}t\right)' = f(x)$$

则 $f(x) = \lim\limits_{\Delta x \to 0} \dfrac{F(x + \Delta x) - F(x)}{\Delta x}$，因此，$P\{x < X \leqslant x + \Delta x\} = F(x + \Delta x) - F(x) \approx f(x)\Delta x$。

概率密度函数的实际意义：其刻画了连续型随机变量落在点 x 处的概率的密度，密度越大，说明落在点 x 附近的可能性越大。由于连续型随机变量落在任意一点处的概率为零，因此研究其落在某点处的概率意义不大，一般研究其概率密度函数及其落在任何区间内概率密度的积分。

例 2-16 设连续型随机变量 X 的概率密度函数为

$$f(x) = \begin{cases} a(1-x) & (0 \leqslant x \leqslant 1) \\ 0 & 其他 \end{cases}$$

求:

(1) 未知数 a ;

(2) X 的分布函数 $F(x)$;

(3) $P\left\{\frac{1}{2} \leqslant x \leqslant 1\right\}$ 。

解:(1)由概率密度函数的完备性可得

$$\int_{-\infty}^{+\infty} f(x)\,\mathrm{d}x = \int_0^1 a(1-x)\,\mathrm{d}x = 1$$

计算定积分可得 $\int_0^1 a(1-x)\,\mathrm{d}x = a\left(x - \frac{x^2}{2}\right)\Big|_0^1 = \frac{1}{2}a = 1$,所以 $a = 2$。

(2)根据概率密度函数的分段特征,可得

当 $x < 0$ 时,

$$F(x) = \int_{-\infty}^{x} f(t)\,\mathrm{d}t = \int_{-\infty}^{x} 0\mathrm{d}t = 0$$

当 $0 \leqslant x \leqslant 1$ 时,

$$F(x) = \int_{-\infty}^{x} f(t)\,\mathrm{d}t = \int_{-\infty}^{0} f(t)\,\mathrm{d}t + \int_0^x f(t)\,\mathrm{d}t = \int_{-\infty}^{0} 0\mathrm{d}t + \int_0^x 2(1-t)\,\mathrm{d}t$$
$$= 2x - x^2$$

当 $x > 1$ 时,

$$F(x) = \int_{-\infty}^{x} f(t)\,\mathrm{d}t = \int_{-\infty}^{0} f(t)\,\mathrm{d}t + \int_0^1 f(t)\,\mathrm{d}t + \int_1^x f(t)\,\mathrm{d}t = \int_{-\infty}^{0} 0\mathrm{d}t +$$
$$\int_0^1 2(1-t)\,\mathrm{d}t + \int_1^x 0\mathrm{d}t = 1$$

因此,$F(x) = \begin{cases} 0 & (x < 0) \\ 2x - x^2 & (0 \leqslant x \leqslant 1) \\ 1 & (x > 1) \end{cases}$。

(3) $P\left\{\frac{1}{2} \leqslant x \leqslant 1\right\} = \int_{\frac{1}{2}}^{1} f(t)\,\mathrm{d}t = \int_{\frac{1}{2}}^{1} (2-2t)\,\mathrm{d}t = \frac{1}{4}$ 。

例 2-17 设随机变量 X 的分布函数为

$$F(x) = \begin{cases} 0 & (x < 1) \\ \ln x & (1 \leqslant x < \mathrm{e}) \\ 1 & (x \geqslant \mathrm{e}) \end{cases}$$

求 X 的概率密度函数 $f(x)$ 。

解:已知 $F'(x) = f(x)$,因此对分布函数进行分段求导:

$$f(x)=\begin{cases}0 & (x<1)\\ \dfrac{1}{x} & (1\leqslant x<\mathrm{e})\\ 0 & (x\geqslant \mathrm{e})\end{cases}$$

二、几种常见的连续型随机变量

1.均匀分布

定义 2-10　如果连续型随机变量 X 的概率密度函数为

$$f(x)=\begin{cases}\dfrac{1}{b-a} & (a<x<b)\\ 0 & 其他\end{cases} \tag{2-9}$$

则称 X 在区间 (a,b) 内服从**均匀分布**,记为 $X\sim U(a,b)$ 。其对应的分布函数为

$$F(x)=\begin{cases}0 & (x\leqslant a)\\ \dfrac{x-a}{b-a} & (a<x<b)\\ 1 & (x\geqslant b)\end{cases} \tag{2-10}$$

例 2-18　设电阻值 R(单位:Ω) 是一个随机变量,均匀分布在(900,1100) 内。求 R 的概率密度函数及 R 分别落在(900,1000) 和(800,1000) 内的概率。

解:根据题意,$R\sim U(900,1100)$,则其概率密度函数为

$$f(x)=\begin{cases}\dfrac{1}{200} & (900<x<1100)\\ 0 & 其他\end{cases}$$

R 落在 (900,1000) 内的概率为

$$P\{900<R<1000\}=\int_{900}^{1000}\frac{1}{200}\mathrm{d}x=\frac{1000-900}{200}=\frac{1}{2}$$

R 落在 (800,1000) 内的概率为

$$P\{800<R<1000\}=\int_{800}^{900}0\mathrm{d}x+\int_{900}^{1000}\frac{1}{200}\mathrm{d}x=\frac{1000-900}{200}=\frac{1}{2}$$

发现:服从均匀分布的随机变量,落在区间 (a,b) 内任意一点的概率密度是相等的,其落在 (a,b) 的子区间 (c,d) 内的概率与区间长度有关、与区间端点无关,而落在 (a,b) 以外区间的可能性为零,即

若 $a<c<d<b$,则 $P\{c<X\leqslant d\}=\dfrac{d-c}{b-a}$;

若 $a<c<b<d$，则 $P\{c<X\leqslant d\}=P\{c<X\leqslant b\}=\dfrac{b-c}{b-a}$；

若 $c<a<d<b$，则 $P\{c<X\leqslant d\}=P\{a<X\leqslant d\}=\dfrac{d-a}{b-a}$；

若 $c<a<b<d$，则 $P\{c<X\leqslant d\}=P\{a<X\leqslant b\}=1$。

2. 指数分布

定义 2-11 如果连续型随机变量 X 的概率密度函数为

$$f(x)=\begin{cases}\lambda e^{-\lambda x} & (x>0)\\ 0 & (x\leqslant 0)\end{cases} \tag{2-11}$$

其中：$\lambda>0$。则称 X 服从参数为 λ 的**指数分布**，记为 $X\sim E(\lambda)$。其分布函数为

$$F(x)=\begin{cases}1-e^{-\lambda x} & (x>0)\\ 0 & (x\leqslant 0)\end{cases} \tag{2-12}$$

指数分布常常被称为“寿命分布”，例如，某些没有明显“衰老”机理的元件或者设备的寿命一般服从**指数分布**。

例 2-19 某款手机的使用年限 $X\sim E(0.1)$，某人购买了该手机，问：

(1)该手机能使用至少 2 年的概率为多少？

(2)若这个人购买的是一台使用了 2 年的二手手机，它还能使用至少 2 年的概率为多少？

解：由题意可知 X 的概率密度函数为

$$f(x)=\begin{cases}0.1e^{-0.1x} & (x>0)\\ 0 & (x\leqslant 0)\end{cases}$$

(1)该手机能使用至少 2 年的概率为

$$P\{X\geqslant 2\}=\int_2^{+\infty}f(x)dx=\int_2^{+\infty}0.1e^{-0.1x}dx=e^{-0.2}$$

(2)若这是一台已经使用了 2 年的二手手机，其还能使用至少 2 年的概率为

$$P\{X\geqslant 2+2\mid X\geqslant 2\}=\frac{P\{X\geqslant 4\text{ 且 }X\geqslant 2\}}{P\{X\geqslant 2\}}=\frac{\int_4^{+\infty}0.1e^{-0.1x}dx}{\int_2^{+\infty}0.1e^{-0.1x}dx}=\frac{e^{-0.4}}{e^{-0.2}}=e^{-0.2}$$

连续型随机变量(1)

发现：例 2-19 中，手机从新手机开始使用 2 年的概率，和二手机还能再使用 2 年的概率是相等的。这就是指数分布的**“无记忆性”**，即

$$P\{X\geqslant s+t\mid X\geqslant s\}=\frac{e^{-\lambda(s+t)}}{e^{-\lambda s}}=e^{-\lambda t}=P\{X\geqslant t\} \tag{2-13}$$

3. 正态分布

定义 2-12　如果连续型随机变量 X 的概率密度函数为

$$f(x)=\frac{1}{\sqrt{2\pi}\sigma}e^{-\frac{(x-\mu)^2}{2\sigma^2}} \tag{2-14}$$

其中：μ,σ 为常数，且 $\sigma>0$。则称 X 服从参数为 μ,σ 的**正态分布或高斯分布**，记为 $X\sim N(\mu,\sigma^2)$。

在许多实际问题中，考察指标都会受到若干个相互独立的随机因素影响，而每一个因素的影响都是微小的。例如，电灯泡在指定条件下的耐用时间会受到原材料、工艺及保管条件等因素的影响，而每种因素在正常情形下都是相互独立的，且影响是均匀、微小的。具有上述特点的随机变量一般都可以认为是服从正态分布的。在以后的统计学中，往往将测量误差、产品质量、人体身高等用正态分布进行描述。

正态分布由于其概率密度函数形式较复杂，本书不再涉及其具体积分过程，但该概率密度函数具备如下性质：

(1) 曲线关于直线 $x=\mu$ 对称；

(2) 曲线在 $x=\mu$ 处取最大值 $f(\mu)=\frac{1}{\sqrt{2\pi}\sigma}$；

(3) 曲线在 $x=\mu\pm\sigma$ 处有拐点；

(4) 曲线以 x 轴为水平渐近线；

(5) 若 σ 不变，μ 改变，则曲线的形状不变，曲线左右平移；

(6) 若 μ 不变，σ 改变，则曲线的对称轴不变，曲线的形状发生改变，σ 越大，曲线越平坦，σ 越小，曲线越陡峭，如图 2-3 所示。

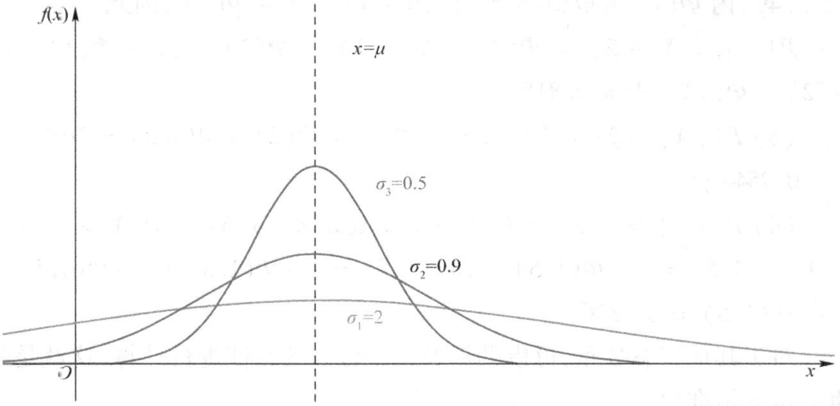

图 2-3　正态分布密度曲线

在众多正态分布中，当 $\mu=0,\sigma=1$ 时，称随机变量 X 服从标准正态分布，如图 2-4 所示，记为 $X\sim N(0,1)$，其概率密度函数为 $\varphi(x)=\frac{1}{\sqrt{2\pi}}e^{-\frac{x^2}{2}}$，分布函数记为

$$\Phi(x) = \frac{1}{\sqrt{2\pi}}\int_{-\infty}^{x} e^{-\frac{t^2}{2}}dt \tag{2-15}$$

标准正态分布密度曲线的对称轴为 y 轴。

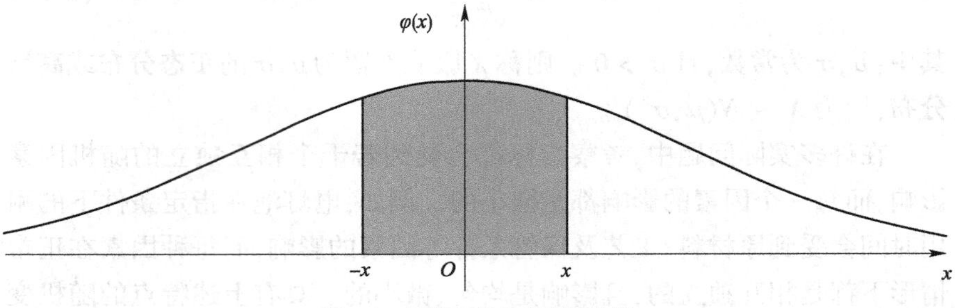

图 2-4　标准正态分布密度曲线

因此，$\Phi(-x) = 1 - \Phi(x)$ 。

标准正态分布的分布函数 $\Phi(x)$ 可通过附表 2 查得。

例 2-20　设 $X \sim N(0,1)$，查附表计算：

(1) $P\{X \leqslant 2\}$；

(2) $P\{-1 < X \leqslant 2\}$；

(3) $P\{|X| \leqslant 2\}$；

(4) $P\{|X| > 1.5\}$。

解：将题干对应事件的概率转换成分布函数的表达形式，再查附表即可求得概率结果。

(1) $P\{X \leqslant 2\} = \Phi(2) = 0.9772$；

(2) $P\{-1 < X \leqslant 2\} = \Phi(2) - \Phi(-1)$，但由于附表 2 中仅给出了 $[0,3.49]$ 内 $\Phi(x)$ 的取值结果，且 $\Phi(-x) = 1 - \Phi(x)$，因此

$P\{-1 < X \leqslant 2\} = \Phi(2) - \Phi(-1) = \Phi(2) - (1 - \Phi(1)) = \Phi(2) + \Phi(1) - 1 = 0.8185$

(3) $P\{|X| \leqslant 2\} = P\{-2 \leqslant X \leqslant 2\} = \Phi(2) - \Phi(-2) = 2\Phi(2) - 1 = 0.9544$；

(4) $P\{|X| > 1.5\} = P\{X > 1.5$ 或 $X < -1.5\} = P\{X > 1.5\} + P\{X < -1.5\} = 1 - \Phi(1.5) + \Phi(-1.5) = 1 - \Phi(1.5) + 1 - \Phi(1.5) = 2 - 2\Phi(1.5) = 0.1336$

对于其他正态分布，可借助标准正态分布的特征进行计算，这就是随机变量的标准化。

定理 2-2（随机变量的标准化）　若 $X \sim N(\mu,\sigma^2)$，则 $\frac{X-\mu}{\sigma} \sim N(0,1)$，即

(1) $F(x) = \Phi\left(\frac{x-\mu}{\sigma}\right)$；

(2) $P\{a<X\leqslant b\}=\Phi\left(\frac{b-\mu}{\sigma}\right)-\Phi\left(\frac{a-\mu}{\sigma}\right)$。

例 2-21 设 $Y\sim N(2,4)$,计算:

(1) $P\{1<Y<3\}$;

(2) $P\{|Y|\leqslant 2.3\}$。

解:设 $X\sim N(0,1)$,利用定理 2-2,可知 $X=\frac{Y-2}{2}\sim N(0,1)$,将随机变量标准化。

$$(1)\ P\{1<Y<3\}=P\left\{\frac{1-2}{2}<\frac{Y-2}{2}<\frac{3-2}{2}\right\}=P\{-0.5<X<0.5\}$$

$$=2\Phi(0.5)-1=0.383$$

$$(2)\ P\{|Y|\leqslant 2.3\}=P\left\{\frac{-2.3-2}{2}\leqslant\frac{Y-2}{2}\leqslant\frac{2.3-2}{2}\right\}$$

$$=P\{-2.15\leqslant X\leqslant 0.15\}$$

$$=\Phi(0.15)+\Phi(2.15)-1=0.5438$$

连续型随机变量(2)

例 2-22 设某学校在校男生的身高 $X\sim N(170,2^2)$(单位:cm),若在该校随机抽取一名学生测量其身高,求该学生身高超过 175cm 的概率。

解:根据题意要求,学生身高超过 175cm 的概率为

$$P\{X\geqslant 175\}=P\left\{\frac{X-170}{2}\geqslant\frac{175-170}{2}\right\}=1-\Phi(2.5)=0.0062$$

则该学生身高超过 175cm 的概率为 0.0062。

第四节 随机变量函数的概率分布

随机变量 X 是从样本空间映射出的实单值函数,若存在 X 的一个函数 $g(X)$,则可认为 $g(X)$ 是从样本空间映射出的复合函数,其同样是随机变量。本节将学习这类复合型随机变量的概率分布。

定义 2-13 设存在函数 $Y=g(X)$,其定义域为随机变量 X 的一切可能取值构成的集合。如果对于 X 的每一个可能取值,随机变量 Y 相应的取值为 $y=g(x)$,则 Y 称为随机变量 X 的函数,记为 $Y=g(X)$。

一、离散型随机变量函数的概率分布

若 X 是离散型随机变量,其分布律为

X	x_1	x_2	…	x_n	…
P	p_1	p_2	…	p_n	…

则 $Y = g(X)$ 也是离散型随机变量，其分布律为

Y	$g(x_1)$	$g(x_2)$	…	$g(x_n)$	…
P	p_1	p_2	…	p_n	…

若 $g(x_i) = g(x_j)$，则可将其进行合并，从而简化分布律。

例 2-23 设离散型随机变量 X 的分布律为

X	-2	-1	0	1	2
P	$\frac{1}{5}$	$\frac{1}{6}$	$\frac{1}{5}$	$\frac{1}{15}$	$\frac{11}{30}$

求随机变量 $Y = X^2$ 和 $Z = 2X - 1$ 的分布律。

解：(1) $Y = X^2$ 仍然是离散型随机变量，对应取值为 $Y = 0,1,4$。

当 $Y = 0$ 时，$P\{Y = 0\} = P\{X = 0\} = \frac{1}{5}$；

当 $Y = 1$ 时，$P\{Y = 1\} = P\{X = 1\} + P\{X = -1\} = \frac{7}{30}$；

当 $Y = 4$ 时，$P\{Y = 4\} = P\{X = 2\} + P\{X = -2\} = \frac{17}{30}$。

$Y = X^2$ 的分布律为

Y	0	1	4
P	$\frac{1}{5}$	$\frac{7}{30}$	$\frac{17}{30}$

(2) $Z = 2X - 1$ 仍然是离散型随机变量，对应取值为 $Z = -5, -3, -1, 1, 3$。

其分布律为

Z	-5	-3	-1	1	3
P	$\frac{1}{5}$	$\frac{1}{6}$	$\frac{1}{5}$	$\frac{1}{15}$	$\frac{11}{30}$

*二、连续型随机变量函数的概率分布

定理 2-3 设连续型随机变量 X 的概率密度函数为 $f_X(x)$，$-\infty < x < +\infty$，若函数 $g(x)$ 处处可导且恒有 $g'(x) > 0$（或恒有 $g'(x) < 0$），则 $Y = g(X)$ 是连续型随机变量，且 Y 的概率密度函数为

$$f_Y(y) = \begin{cases} f_X[h(y)]\,|h'(y)| & (\alpha < y < \beta) \\ 0 & \text{其他} \end{cases} \tag{2-16}$$

其中：$\alpha = \min\{g(x)\}$；$\beta = \max\{g(x)\}$；$x = h(y)$ 是 $y = g(x)$ 的反函数。

例 2-24 设随机变量 X 的概率密度函数为

$$f_X(x)=\begin{cases}\dfrac{x}{8} & (0<x<4)\\ 0 & 其他\end{cases}$$

求随机变量 $Y=2X+8$ 的概率密度函数。

解:分别记 X,Y 的分布函数为 $F_X(x),F_Y(y)$,则

$$F_X(x)=\begin{cases}0 & (x\leqslant 0)\\ \dfrac{x^2}{16} & (0<x<4)\\ 1 & (x\geqslant 4)\end{cases}$$

$$\begin{aligned}F_Y(y)&=P\{Y\leqslant y\}=P\{2X+8\leqslant y\}\\&=P\left\{X\leqslant\frac{y-8}{2}\right\}=F_X\left(\frac{y-8}{2}\right)\end{aligned}$$

$$F_Y(y)=F_X\left(\frac{y-8}{2}\right)=\begin{cases}0 & \left(\dfrac{y-8}{2}\leqslant 0\right)\\ \dfrac{\left(\dfrac{y-8}{2}\right)^2}{16} & \left(0<\dfrac{y-8}{2}<4\right)\\ 1 & \left(\dfrac{y-8}{2}\geqslant 4\right)\end{cases}$$

$$=\begin{cases}0 & (y\leqslant 8)\\ \dfrac{(y-8)^2}{64} & (8<y<16)\\ 1 & (y\geqslant 16)\end{cases}$$

因此

$$f_Y(y)=\begin{cases}\dfrac{y-8}{32} & (8<y<16)\\ 0 & 其他\end{cases}$$

对于例 2-24,若结合积分上限函数的求导特征,可知

$$F_Y(y)=F_X\left(\frac{y-8}{2}\right)=\int_{-\infty}^{\frac{y-8}{2}}f_X(t)\,\mathrm{d}t\ \frac{\mathrm{d}[F_Y(y)]}{\mathrm{d}y}$$

$$=f_X\left(\frac{y-8}{2}\right)\cdot\left(\frac{y-8}{2}\right)'$$

因此也能直接求得

$$f_Y(y)=\begin{cases}\dfrac{1}{8}\cdot\dfrac{y-8}{2}\cdot\dfrac{1}{2} & \left(0<\dfrac{y-8}{2}<4\right)\\ 0 & 其他\end{cases}$$

$$=\begin{cases}\dfrac{y-8}{32} & (8<y<16)\\ 0 & 其他\end{cases}$$

* 第五节 二维随机变量及其分布

在实际中，对于同一个随机试验，可能会同时分析不同的随机变量，例如，随机试验 E：随机抽取某校一位在校男生，

X：该男生的身高(cm)；

Y：该男生的体重(kg)。

称 X 和 Y 为一维随机变量。随机变量间可能存在某种关系，有时需同时刻画两个随机变量，将随机变量 X 和 Y 组成二维向量的形式 (X,Y)，称 (X,Y) 为**二维随机向量**或**二维随机变量**。本节学习二维随机变量的概率运算。

一、二维离散型随机变量

定义 2-14 若随机变量 X 和 Y 是离散型随机变量，则称 (X,Y) 为**二维离散型随机变量**。若 $\{x_i\}$ 和 $\{y_i\}$ 分别为 X 和 Y 的全部可能取值，则

$$P\{(X=x_i)\cap(Y=y_j)\}=P\{X=x_i,Y=y_j\}=p_{ij}\quad(i,j=1,2,\cdots)\tag{2-17}$$

称为二维离散型随机变量 (X,Y) 的**分布律**，或者称为 X 和 Y 的**联合分布律**：

X \ Y	y_1	y_2	$\cdots$	y_j	$\cdots$
x_1	p_{11}	p_{12}	$\cdots$	p_{1j}	$\cdots$
x_2	p_{21}	p_{22}	$\cdots$	p_{2j}	$\cdots$
$\vdots$	$\vdots$	$\vdots$	$\vdots$	$\vdots$	$\vdots$
x_i	p_{i1}	p_{i2}	$\cdots$	p_{ij}	$\cdots$
$\vdots$	$\vdots$	$\vdots$	$\vdots$	$\vdots$	$\vdots$

二维离散型
随机变量

离散型随机变量 X 和 Y 的**分布律与联合分布律**为

X \ Y	0	1	2	$p_{i\cdot}$
1	0.2	0.1	0.1	0.2 + 0.1 + 0.1 = 0.4
2	0.2	0.3	0.1	0.2 + 0.3 + 0.1 = 0.6
$p_{\cdot j}$	0.2 + 0.2 = 0.4	0.2 + 0.2 = 0.4	0.1 + 0.1 = 0.2	1

可知：

(1) X 的所有可能取值为 1,2, Y 的所有可能取值为 0,1,2；

(2) (X,Y) 所有取值组合的概率，如

$P\{X=1,Y=0\}=0.2$，$P\{X=1,Y=2\}=0.1$

(3)如上表第 5 列所示：

$$P\{X=1\}=P\{X=1,Y=0\}+P\{X=1,Y=1\}+P\{X=1,Y=2\}=0.4$$

$$P\{X=2\}=P\{X=2,Y=0\}+P\{X=2,Y=1\}+P\{X=2,Y=2\}=0.6$$

右边缘第 5 列给出了一维随机变量 X 的分布律，称为二维随机变量 (X,Y) 关于 X 的**边缘分布律**。

(4)如上表第 4 行所示：

$$P\{Y=0\}=P\{X=1,Y=0\}+P\{X=2,Y=0\}=0.4$$

$$P\{Y=1\}=P\{X=1,Y=1\}+P\{X=2,Y=1\}=0.4$$

$$P\{Y=2\}=P\{X=1,Y=2\}+P\{X=2,Y=2\}=0.2$$

下边缘第 4 行给出了一维随机变量 Y 的分布律，称为二维随机变量 (X,Y) 关于 Y 的**边缘分布律**。

定义 2-15　对于二维离散型随机变量 (X,Y)，其分布律为

$$P\{(X=x_i)\cap(Y=y_j)\}=P\{X=x_i,Y=y_j\}=p_{ij},i,j=1,2,\cdots$$

则

$$P\{X=x_i\}=\sum_{j=1}^{\infty}p_{ij}=p_{i\cdot}\quad(i=1,2,\cdots)\tag{2-18}$$

称为二维随机变量 (X,Y) 关于 X 的**边缘分布律**；

$$P\{Y=y_j\}=\sum_{i=1}^{\infty}p_{ij}=p_{\cdot j}\quad(j=1,2,\cdots)\tag{2-19}$$

称为二维随机变量 (X,Y) 关于 Y 的**边缘分布律**。

例 2-25　设随机变量 X 在 1,2,3 三个整数中等可能地取一个值，另一个随机变量 Y 在 $[0,X]$ 中等可能地取一个整数值，试求 (X,Y) 的分布律及边缘分布律。

解：(X,Y) 是二维离散型随机变量，且 $P\{X=1\}=P\{X=2\}=P\{X=3\}=\frac{1}{3}$。

当 $X=1$ 时，Y 的可能取值为 0,1，且

$$P\{Y=0|X=1\}=P\{Y=1|X=1\}=\frac{1}{2},\ p_{11}=p_{12}=\frac{1}{3}\cdot\frac{1}{2}=\frac{1}{6}$$

当 $X=2$ 时，Y 的可能取值为 0,1,2，且

$P\{Y=0|X=2\}=\cdots=P\{Y=2|X=2\}=\frac{1}{3}$，$p_{21}=p_{22}=p_{23}=\frac{1}{3}\cdot\frac{1}{3}=\frac{1}{9}$

当 $X=3$ 时，Y 的可能取值为 0,1,2,3，且

$P\{Y=0|X=3\}=\cdots=P\{Y=3|X=3\}=\frac{1}{4}$，$p_{31}=p_{32}=p_{33}=p_{34}=\frac{1}{3}\cdot\frac{1}{4}=\frac{1}{12}$

其余取值可能性均为零。

(X,Y) 关于 X 的边缘分布律：

$p_{1\cdot}=\frac{1}{6}+\frac{1}{6}=\frac{1}{3}$；$p_{2\cdot}=\frac{1}{9}+\frac{1}{9}+\frac{1}{9}=\frac{1}{3}$；$p_{3\cdot}=\frac{1}{12}+\frac{1}{12}+\frac{1}{12}+\frac{1}{12}=\frac{1}{3}$

(X,Y) 关于 Y 的边缘分布律：

$p_{\cdot 1}=\frac{1}{6}+\frac{1}{9}+\frac{1}{12}=\frac{13}{36}$；$p_{\cdot 2}=\frac{1}{6}+\frac{1}{9}+\frac{1}{12}=\frac{13}{36}$；$p_{\cdot 3}=\frac{1}{9}+\frac{1}{12}=\frac{7}{36}$；$p_{\cdot 4}=\frac{1}{12}$

(X,Y) 的分布律和边缘分布律为

X \ Y	0	1	2	3	$p_{i\cdot}$
1	$\frac{1}{6}$	$\frac{1}{6}$	0	0	$\frac{1}{3}$
2	$\frac{1}{9}$	$\frac{1}{9}$	$\frac{1}{9}$	0	$\frac{1}{3}$
3	$\frac{1}{12}$	$\frac{1}{12}$	$\frac{1}{12}$	$\frac{1}{12}$	$\frac{1}{3}$
$p_{\cdot j}$	$\frac{13}{36}$	$\frac{13}{36}$	$\frac{7}{36}$	$\frac{1}{12}$	1

二、二维随机变量的联合分布

定义 2-16 设 (X,Y) 为二维随机变量，对于任意实数 x,y，二元函数

$$F(x,y)=P\{(X\leqslant x)\cap(Y\leqslant y)\}\overset{\text{记为}}{=}P\{X\leqslant x,Y\leqslant y\} \tag{2-20}$$

称为二维随机变量 (X,Y) 的**分布函数**，或称为随机变量 X 和 Y 的**联合分布函数**。

如图 2-5 所示，$F(a,b)$ 刻画的是随机变量 (X,Y) 落在无穷矩形区域

$$\{(x,y) \mid -\infty < x \leq a,\ -\infty < y \leq b\}$$

内的概率。

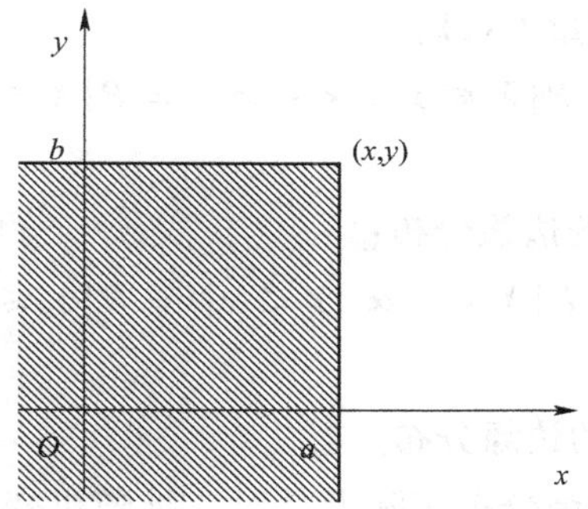

图 2-5　二维随机变量分布函数的图像特征

如图 2-6 所示，$P\{x_1 < X \leq x_2, y_1 < Y \leq y_2\}$ 刻画的是随机变量 (X, Y) 落在矩形区域

$$\{(x,y) \mid x_1 < x \leq x_2, y_1 < y \leq y_2\}$$

内的概率，且

$P\{x_1 < X \leq x_2, y_1 < Y \leq y_2\} = F(x_2,y_2) - F(x_1,y_2) - F(x_2,y_1) + F(x_1,y_1)$

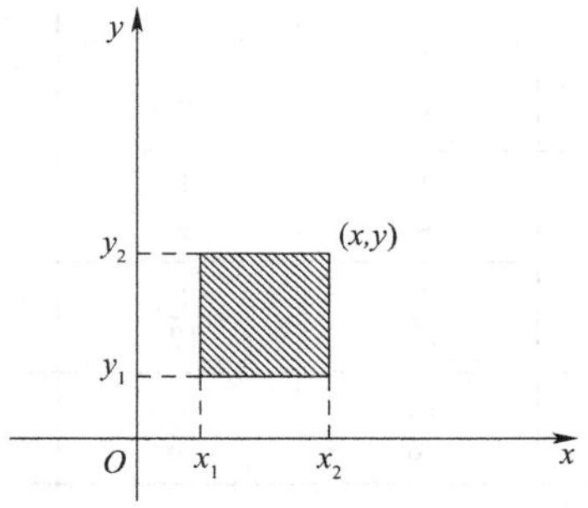

图 2-6　随机变量落在有界区域内的概率的图像特征

类似于一维随机变量，二维随机变量 (X,Y) 的分布函数 $F(x,y)$ 具有以下性质：

(1) 对于任意实数 x,y，有 $0 \leq F(x,y) \leq 1$；

(2) $F(x,y)$ 是分别关于 x 和 y 的单调不减函数；

(3) $F(-\infty,y) = \lim\limits_{x\to-\infty} F(x,y) = 0$，$F(x,-\infty) = \lim\limits_{y\to-\infty} F(x,y) = 0$，

$F(-\infty,-\infty) = \lim\limits_{(x,y)\to(-\infty,-\infty)} F(x,y) = 0$，

$F(+\infty,+\infty) = \lim\limits_{(x,y)\to(+\infty,+\infty)} F(x,y) = 1$；

(4) $F(x,y)$ 分别满足关于 x 和 y 的右连续性，即

$$F(x+0,y)=F(x,y),F(x,y+0)=F(x,y)$$

容易知道,事件 $\{X<+\infty\}$ 和 $\{Y<+\infty\}$ 均为必然事件,则

$$\{X<+\infty\}\cap\{Y\leqslant y\}=\{Y\leqslant y\},\{Y<+\infty\}\cap\{X\leqslant x\}=\{X\leqslant x\}$$

对于二维随机变量 (X,Y),

$$F(x,+\infty)=P\{X\leqslant x,y<+\infty\}=P\{X\leqslant x\}=F_X(x) \tag{2-21}$$

称为(X,Y)关于 X 的**边缘分布**;

$$F(+\infty,y)=P\{X<+\infty,Y\leqslant y\}=P\{Y\leqslant y\}=F_Y(y) \tag{2-22}$$

称为(X,Y)关于 Y 的**边缘分布**。

边缘分布律和边缘分布实际上是对二维随机变量的降维处理,将二维随机变量 (X,Y) 变为两个一维随机变量 X 和 Y 来研究。

例 2-26 设随机变量 X 在 1,2,3 三个整数中等可能地取一个值,另一个随机变量 Y 在 $[0,X]$ 中等可能地取一个整数值,试求

(1) $F(3,2)$;

(2) $F_X(2)$。

解:由例 2-25 可知 (X,Y) 的分布律和边缘分布律为:

X \ Y	0	1	2	3	$p_{i\cdot}$
1	$\frac{1}{6}$	$\frac{1}{6}$	0	0	$\frac{1}{3}$
2	$\frac{1}{9}$	$\frac{1}{9}$	$\frac{1}{9}$	0	$\frac{1}{3}$
3	$\frac{1}{12}$	$\frac{1}{12}$	$\frac{1}{12}$	$\frac{1}{12}$	$\frac{1}{3}$
$p_{\cdot j}$	$\frac{13}{36}$	$\frac{13}{36}$	$\frac{7}{36}$	$\frac{1}{12}$	1

(1)观察表中矩形框部分, $F(3,2)$ 即为落在矩形框范围内的所有点的概率之和:

$$F(3,2)=\frac{11}{12}$$

(2)观察表中椭圆框部分, $F_X(2)$ 即为落在椭圆框范围内的所有点的概率之和:

$$F_X(2)=\frac{2}{3}$$

*三、二维连续型随机变量

定义 2-17 对于二维随机变量 (X,Y) 的分布函数,如果存在非负可

积函数，使得对于任意实数 x,y，均有

$$F(x,y) = \int_{-\infty}^{y}\int_{-\infty}^{x} f(u,v)\,\mathrm{d}u\mathrm{d}v \tag{2-23}$$

则称 (X,Y) 是二维连续型随机变量，函数 $f(x,y)$ 称为二维随机变量 (X,Y) 的**概率密度函数**，或称为随机变量 X 和 Y 的**联合概率密度函数**。

根据其概念及二重积分的计算特征可知，二维连续型随机变量 (X,Y) 关于 X 的**边缘分布函数**为

$$F_X(x) = \int_{-\infty}^{x}\left[\int_{-\infty}^{+\infty} f(u,v)\,\mathrm{d}v\right]\mathrm{d}u$$

由于 $[F_X(x)]' = \int_{-\infty}^{+\infty} f(x,v)\,\mathrm{d}v$，因此 (X,Y) 关于 X 的**边缘概率密度函数**为

$$f_X(x) = \int_{-\infty}^{+\infty} f(x,y)\,\mathrm{d}y \tag{2-24}$$

(X,Y) 关于 Y 的**边缘分布函数**为

$$F_Y(y) = \int_{-\infty}^{y}\int_{-\infty}^{+\infty} f(u,v)\,\mathrm{d}u\mathrm{d}v$$

由于 $[F_Y(y)]' = \int_{-\infty}^{+\infty} f(u,y)\,\mathrm{d}u$，因此 (X,Y) 关于 Y 的**边缘概率密度函数**为

$$f_Y(y) = \int_{-\infty}^{+\infty} f(x,y)\,\mathrm{d}x \tag{2-25}$$

例 2-27　设随机变量 X 和 Y 的联合概率密度函数为

$$f(x,y) = \begin{cases} \mathrm{e}^{-y} & (0 < x < y) \\ 0 & \text{其他} \end{cases}$$

求边缘概率密度函数 $f_Y(y)$。

解：当 $y > 0$ 时，

$$f_Y(y) = \int_{-\infty}^{+\infty} f(x,y)\,\mathrm{d}x = \int_{-\infty}^{0} 0\mathrm{d}x + \int_{0}^{y} \mathrm{e}^{-y}\mathrm{d}x + \int_{y}^{+\infty} 0\mathrm{d}x = \mathrm{e}^{-y}x\,|_0^y = y\mathrm{e}^{-y}$$

当 $y \leqslant 0$ 时，$f_Y(y) = 0$。

因此，$f_Y(y) = \begin{cases} y\mathrm{e}^{-y} & (y > 0) \\ 0 & (y \leqslant 0) \end{cases}$。

四、随机变量的独立性

回忆：若事件 A 和 B 相互独立，则 $P(AB) = P(A)P(B)$。类似地，有如下定义。

定义 2-18　对于二维随机变量 (X,Y)，其分布函数为 $F(x,y)$，关于 X 和 Y 的边缘分布函数为 $F_X(x)$ 和 $F_Y(y)$，若对于任意实数 x,y，有

$$F(x,y) = F_X(x)F_Y(y) \tag{2-26}$$

则称随机变量 X 和 Y **相互独立**。

进一步,若离散型随机变量 X 和 Y **相互独立**,则

$$P\{X = x_i, Y = y_j\} = P\{X = x_i\} \cdot P\{Y = y_j\} = p_{i\cdot}p_{\cdot j} \tag{2-27}$$

若连续型随机变量 X 和 Y **相互独立**,则

$$f(x,y) = f_X(x)f_Y(y) \tag{2-28}$$

推广:若连续型随机变量 $X_1, X_2, \cdots, X_n$ 相互独立,则

$$f(x_1, x_2, \cdots, x_n) = f_{X_1}(x_1) \cdot f_{X_2}(x_2) \cdot \cdots \cdot f_{X_n}(x_n)$$

例 2-28 设二维随机变量 (X,Y) 的分布律为

$X \backslash Y$	y_1	y_2
x_1	a	$\frac{1}{3}$
x_2	$\frac{1}{6}$	b

若 X 和 Y 相互独立,求参数 a, b 的值。

解:由于 X 和 Y 相互独立,因此 $p_{ij} = p_{i\cdot}p_{\cdot j}$,列出的边缘分布律为

$X \backslash Y$	y_1	y_2	$p_{i\cdot}$
x_1	a	$\frac{1}{3}$	$a + \frac{1}{3}$
x_2	$\frac{1}{6}$	b	$\frac{1}{6} + b$
$p_{\cdot j}$	$a + \frac{1}{6}$	$\frac{1}{3} + b$	1

根据其独立性,建立方程组:

$$\begin{cases} p_{1\cdot}p_{\cdot 1} = p_{11} \\ p_{2\cdot}p_{\cdot 2} = p_{22} \end{cases} \Rightarrow \begin{cases} \left(a + \frac{1}{3}\right) \cdot \left(a + \frac{1}{6}\right) = a \\ \left(b + \frac{1}{6}\right) \cdot \left(b + \frac{1}{3}\right) = b \end{cases}$$

由于 $a + b + \frac{1}{3} + \frac{1}{6} = 1$,即 $a + b = \frac{1}{2}$,因此 $a = \frac{1}{3}, b = \frac{1}{6}$ 或 $a = \frac{1}{6}, b = \frac{1}{3}$。

第六节 随机变量的数字特征

随机变量的分布描述了随机现象的统计规律,但在很多实际情况下,随机变量的分布并不容易求得。同时,在大部分对数据的分析过程中,不

一定需要真实掌握随机变量的分布，而仅需要掌握其一些具有明显代表意义的特征指标。对这些指标的了解，可以帮助研究者更好地了解数据特征，对统计分析研究的意义重大。本节将学习随机变量最基本的两个数字特征：数学期望和方差。

一、随机变量的数学期望

某大一新生5门课的期末成绩见表2-1。

期末成绩 表2-1

课程名称	高等数学	大学英语	大学语文	体育	计算机
成绩	88	90	86	85	93

他的平均成绩是：$\dfrac{88+90+86+85+93}{5}=88.4$。

但这5门课由于课时不同，有不同的学分，见表2-2。

不同课程的学分 表2-2

课程名称	高等数学	大学英语	大学语文	体育	计算机
学分	4	2	2	4	2

学分越高，该门课成绩的比重应该越大，若将学分的重要性纳入平均成绩的刻画中，则引入加权平均成绩：

$$\frac{88\times4+90\times2+86\times2+85\times4+93\times2}{14}=87.857$$

明显可以看出，加权平均成绩更能体现该学生的真实成绩，算法更加合理。下面给出概率统计学里对此加权平均值的定义。

1. 离散型随机变量的数学期望

定义2-19 设离散型随机变量 X 的分布律为：

X	x_1	x_2	…	x_n	…
P	p_1	p_2	…	p_n	…

若 $\sum\limits_{i=1}^{\infty}x_ip_i$ 绝对收敛（即 $\lim\limits_{n\to\infty}\sum\limits_{i=1}^{n}|x_ip_i|$ 存在），则称 $\sum\limits_{i=1}^{\infty}x_ip_i$ 为随机变量 X 的**数学期望**，简称**期望**，记为 $E(X)$，即

$$E(X)=\sum_{i=1}^{\infty}x_ip_i \tag{2-29}$$

例2-29 设离散型随机变量 X 的分布律为：

X	-2	-1	0	1	2
P	$\frac{1}{5}$	$\frac{1}{6}$	$\frac{1}{5}$	$\frac{1}{15}$	$\frac{11}{30}$

求随机变量 X 的数学期望 $E(X)$ 。

解：$E(X) = (-2)\times\frac{1}{5}+(-1)\times\frac{1}{6}+0\times\frac{1}{5}+1\times\frac{1}{15}+2\times\frac{11}{30} = \frac{7}{30}$。

例 2-30（0-1 分布的数学期望） 设 X 服从参数为 p 的 0-1 分布，求 $E(X)$ 。

解：$E(X) = 0\times(1-p)+1\times p = p$ 。

例 2-31（二项分布的数学期望） 设 $X \sim B(n,p)$ ，求 $E(X)$ 。

解：

$$E(X) = \sum_{i=0}^{n} x_i p_i = \sum_{i=1}^{n} i\cdot C_n^i \cdot p^i(1-p)^{n-i}$$

$$= \sum_{i=1}^{n} i\cdot\frac{n!}{(n-i)!i!}\cdot p^i(1-p)^{n-i}$$

$$= np\sum_{i=1}^{n}\frac{(n-1)!}{(n-i)!(i-1)!}\cdot p^{i-1}(1-p)^{n-i}$$

$$= np\sum_{i=1}^{n}\frac{(n-1)!}{[(n-1)-(i-1)]!(i-1)!}\cdot p^{i-1}(1-p)^{(n-1)-(i-1)}$$

根据二项式展开定理可知

$$E(X) = np\left[\sum_{i=1}^{n} C_{n-1}^{i-1}\cdot p^{i-1}(1-p)^{(n-1)-(i-1)}\right] = np(p+1-p)^{n-1} = np$$

因此，二项分布的数学期望 $E(X) = np$ 。

例 2-32（泊松分布的数学期望） 设 $X \sim P(\lambda)$ ，求 $E(X)$ 。

解：$E(X) = \sum_{k=0}^{\infty} k\cdot\frac{\lambda^k}{k!}e^{-\lambda} = e^{-\lambda}\sum_{k=1}^{\infty} k\cdot\frac{\lambda^k}{k!} = \lambda e^{-\lambda}\sum_{k=1}^{\infty}\frac{\lambda^{k-1}}{(k-1)!} = \lambda e^{-\lambda}e^{\lambda} = \lambda$

因此，泊松分布的数学期望是 $E(X) = \lambda$ 。

2. 连续型随机变量的数学期望

在定积分的学习过程中知道，定积分运算实际就是无穷小的可数可列和。将离散型随机变量的数学期望表达形式进行推广，则可以获得连续型随机变量的数学期望。

定义 2-20 设连续型随机变量 X 的概率密度函数为 $f(x)$ ，若 $\int_{-\infty}^{+\infty} xf(x)\mathrm{d}x$ 绝对收敛（即 $\int_{-\infty}^{+\infty}|xf(x)|\mathrm{d}x$ 存在），则称

$$\int_{-\infty}^{+\infty} xf(x)\mathrm{d}x \tag{2-30}$$

的值为连续型随机变量 X 的**数学期望**，简称**期望**，记为 $E(X)$ ，即

$$E(X)=\int_{-\infty}^{+\infty}xf(x)\mathrm{d}x$$

例 2-33(均匀分布的数学期望) 设 $X\sim U(a,b)$,求 $E(X)$。

解: $E(X)=\int_{-\infty}^{+\infty}xf(x)\mathrm{d}x=\int_{a}^{b}\frac{x}{b-a}\mathrm{d}x=\frac{a+b}{2}$,

因此,均匀分布的数学期望为 $E(X)=\frac{a+b}{2}$。

例 2-34(指数分布的数学期望) 设 $X\sim E(\lambda)$,求 $E(X)$。

解: $E(X)=\int_{-\infty}^{+\infty}xf(x)\mathrm{d}x=\int_{0}^{+\infty}\lambda x\mathrm{e}^{-\lambda x}\mathrm{d}x$

$$=-\int_{0}^{+\infty}x\mathrm{d}(\mathrm{e}^{-\lambda x})=[-x\mathrm{e}^{-\lambda x}]\big|_{0}^{+\infty}+\int_{0}^{+\infty}\mathrm{e}^{-\lambda x}\mathrm{d}x=\frac{1}{\lambda}$$

因此,指数分布的数学期望为 $E(X)=\frac{1}{\lambda}$。

由于正态分布的积分计算较复杂,下面直接给出正态分布的数学期望。

正态分布的数学期望: 设 $X\sim N(\mu,\sigma^2)$,则 $E(X)=\mu$。

3. 数学期望的性质

离散型随机变量是一种特殊形式的无穷级数的运算,连续型随机变量则是广义积分的运算。因此,数学期望的运算符合这两类运算的线性运算特征。

性质 2-1 设 C 是常数,则 $E(C)=C$。

性质 2-2 设 k 是常数,则 $E(kX)=kE(X)$。

性质 2-3 $E(aX+bY)=aE(X)+bE(Y)$。

性质 2-4 设 X 与 Y 相互独立,则 $E(XY)=E(X)E(Y)$。

例 2-35 设 $X\sim B(n,p)$,利用上述性质,求 $E(X)$。

解: 随机变量 X 对应的 n 重伯努利试验可以看成伯努利试验独立重复进行 n 次。若第 i 次试验

$$X_i=\begin{cases}1 & (\text{第 } i \text{ 次试验中事件 } A \text{ 发生}, \quad i=1,2,\cdots,n) \\ 0 & (\text{第 } i \text{ 次试验中事件 } A \text{ 不发生}, \quad i=1,2,\cdots,n)\end{cases}$$

则 $X_i(i=1,2,\cdots,n)$ 服从参数为 p 的 0 - 1 分布,$E(X_i)=p$。$X=X_1+X_2+\cdots+X_n$,且 X_i 相互独立,根据性质 3,$E(X)=E(X_1)+E(X_2)+\cdots+E(X_n)=np$。

例 2-36 已知 $X\sim E(2)$,$Y\sim N(1,4)$,求 $E(2X-Y)$。

解: 由题意可知 $E(X)=\frac{1}{2}$,$E(Y)=1$,$E(2X-Y)=2E(X)-E(Y)=2\times\frac{1}{2}-1=0$。

二、随机变量的方差

1. 方差的概念与计算

在对随机变量的特征刻画中，除了要分析其加权平均水平，也需要刻画其波动情况，如下面的案例。

某学校要从甲、乙两人中选拔一名射击手参加省级射击比赛，甲、乙两名选手各发 10 枪，击中目标的环数见表 2-3。

击中目标的环数 表 2-3

选手	环数									
甲	9	8	9	8	9	9	8	9	10	9
乙	6	7	9	10	10	9	10	8	9	10

两人击中的平均环数为 8.8，那么甲、乙两人谁更应该代表学校参赛？直观表明，乙选手出现了 6、7 等较低的环数，说明乙的发挥更不稳定。数学上，刻画数据的不稳定性有多种方法。

比如，已知两人击中的平均环数相同，那么可以通过比较两人这 10 枪与平均环数距离偏差的平均值来刻画。

甲选手：$|9-8.8|+|8-8.8|+\cdots+|9-8.8|=4.8$；

乙选手：$|6-8.8|+|7-8.8|+\cdots+|10-8.8|=10.8$。

明显可以看出，乙选手的环数波动较大，而甲选手更稳定，因此应该选甲选手代表学校参加射击比赛。

定义 2-21 设 X 为一随机变量，如果 $E(|X-E(X)|)$ 存在，则称其为 X 的**平均绝对离差**。

但在实际计算中，特别是当数据量变大时，绝对值的计算较复杂。下面给出更为方便的形式，来刻画随机变量的波动情况。

定义 2-22 设 X 为一随机变量，如果 $E\{[X-E(X)]^2\}$ 存在，则称其为 X 的**方差**，记为 $D(X)=\mathrm{Var}(X)$，即

$$D(X)=E\{[X-E(X)]^2\}$$

其中：$\sqrt{D(X)}$ 为 X 的**标准差**，记为 $\sigma(X)$。

若随机变量 X 的分布确定了，则 $E(X)$ 应为一固定常数，因此 $E[E(X)]=E(X)$。

根据期望运算的性质，可知

$$D(X)=E\{[X-E(X)]^2\}=E\{X^2-2X\cdot E(X)+[E(X)]^2\}$$
$$=E(X^2)-E[2X\cdot E(X)]+[E(X)]^2$$

$$= E(X^2) - 2E(X) \cdot E(X) + [E(X)]^2$$

$$D(X) = E(X^2) - [E(X)]^2 \tag{2-31}$$

随机变量 X 的方差的计算,可转化为求随机变量的期望 $E(X)$ 及随机变量函数的期望 $E(X^2)$ 。

下面列出六个常见随机变量的数字特征。

(1)**0-1 分布**:参数为 p , $E(X) = p, D(X) = p(1-p)$;

(2)**二项分布**: $X \sim B(n,p), E(X) = np, D(X) = np(1-p)$;

(3)**泊松分布**: $X \sim P(\lambda), E(X) = \lambda, D(X) = \lambda$;

(4)**均匀分布**: $X \sim U(a,b), E(X) = \dfrac{a+b}{2}, D(X) = \dfrac{(b-a)^2}{12}$;

(5)**指数分布**: $X \sim E(\lambda), E(X) = \dfrac{1}{\lambda}, D(X) = \dfrac{1}{\lambda^2}$;

(6)**正态分布**: $X \sim N(\mu,\sigma^2), E(X) = \mu, D(X) = \sigma^2$ 。

例 2-37 离散型随机变量 X 的分布律为:

X	-2	-1	0	1	2
P	$\frac{1}{5}$	$\frac{1}{6}$	$\frac{1}{5}$	$\frac{1}{15}$	$\frac{11}{30}$

求随机变量 X 的方差 $D(X)$ 。

解:已知 $E(X) = (-2) \times \dfrac{1}{5} + (-1) \times \dfrac{1}{6} + 0 \times \dfrac{1}{5} + 1 \times \dfrac{1}{15} + 2 \times \dfrac{11}{30} = \dfrac{7}{30}$,

$E(X^2) = (-2)^2 \times \dfrac{1}{5} + (-1)^2 \times \dfrac{1}{6} + 0^2 \times \dfrac{1}{5} + 1^2 \times \dfrac{1}{15} + 2^2 \times \dfrac{11}{30} = \dfrac{5}{2}$,

则 $D(X) = E(X^2) - [E(X)]^2 = \dfrac{5}{2} - \left(\dfrac{7}{30}\right)^2 = \dfrac{2201}{900}$ 。

2. 方差的性质

方差具备如下性质。

性质 2-5 设 C 是常数,则 $D(C) = 0$ 。(常数的波动为 0)

性质 2-6 设 k 是常数,则 $D(kX) = k^2D(X)$ 。

性质 2-7 设随机变量 X 与 Y 相互独立,则 $D(aX + bY) = a^2D(X) + b^2D(Y)$ 。

例 2-38 设随机变量 X 与 Y 相互独立,且 $X \sim B(10,0.1)$, $Y \sim P(2)$,求:

(1) $E(2X - 3Y)$;

(2) $D(2X-3Y)$ 。

解: 由题意可知, $E(X)=1, D(X)=0.9$, $E(Y)=2, D(Y)=2$ 。

(1) $E(2X-3Y)=2E(X)-3E(Y)=-4$;

(2) $D(2X-3Y)=4D(X)+9D(Y)=21.6$ 。

第七节　协方差与相关系数

对于二维随机变量 (X,Y) ,除了要分别讨论 X 和 Y 的数学期望和方差,还需要讨论两个变量之间的相互关系,本节来学习研究两个变量间关系的数字特征。

一、协方差

定义 2-23　对于二维随机变量 (X,Y) , $E(X)$, $E(Y)$ 均存在。若

$$E\{[X-E(X)][Y-E(Y)]\}$$

存在,则称其为 X 与 Y 的**协方差**,记为 $\mathrm{Cov}(X,Y)$ 。

通过证明可知

$$\mathrm{Cov}(X,Y)=E(XY)-E(X)E(Y) \tag{2-32}$$

协方差的性质如下。

性质 2-8　$\mathrm{Cov}(X,Y)=\mathrm{Cov}(Y,X)$ 。

性质 2-9　$\mathrm{Cov}(aX,bY)=ab\mathrm{Cov}(X,Y)$,其中 a , b 为任意常数。

性质 2-10　$\mathrm{Cov}(X_1+X_2,Y)=\mathrm{Cov}(X_1,Y)+\mathrm{Cov}(X_2,Y)$ 。

性质 2-11　若随机变量 X 和 Y 相互独立,则 $\mathrm{Cov}(X,Y)=0$ 。

例 2-39　已知二维离散型随机变量 (X,Y) 的分布律为:

$X \backslash Y$	-1	0	1
-1	$\frac{1}{8}$	$\frac{1}{8}$	$\frac{1}{8}$
0	$\frac{1}{8}$	0	$\frac{1}{8}$
1	$\frac{1}{8}$	$\frac{1}{8}$	$\frac{1}{8}$

协方差

求:

(1) X,Y 的边缘分布律;

(2) X,Y 的数学期望和方差;

(3) X,Y 的协方差 $\mathrm{Cov}(X,Y)$ 。

解：(1) X 的边缘分布律为：

X	-1	0	1
P	$\frac{3}{8}$	$\frac{1}{4}$	$\frac{3}{8}$

Y 的边缘分布律为：

Y	-1	0	1
P	$\frac{3}{8}$	$\frac{1}{4}$	$\frac{3}{8}$

(2) 由(1)知，X,Y 同分布，因此其数字特征相同，故

$$E(X)=E(Y)=1\times\frac{3}{8}+0\times\frac{1}{4}+(-1)\times\frac{3}{8}=0$$

$$E(X^2)=E(Y^2)=1^2\times\frac{3}{8}+0^2\times\frac{1}{4}+(-1)^2\times\frac{3}{8}=\frac{3}{4}$$

$$D(X)=D(Y)=E(X^2)-[E(X)]^2=\frac{3}{4}$$

(3) $E(XY)=(-1)\times(-1)\times\frac{1}{8}+(-1)\times1\times\frac{1}{8}+1\times(-1)\times\frac{1}{8}+1\times1\times\frac{1}{8}=0$

$$\mathrm{Cov}(X,Y)=E(XY)-E(X)E(Y)=0$$

例2-39 中 $P\{X=-1,Y=-1\}=\frac{1}{8}\neq P\{X=-1\}\cdot P\{Y=-1\}$，$X$ 和 Y 不相互独立。但是，$\mathrm{Cov}(X,Y)=0$。因此，$\mathrm{Cov}(X,Y)=0$ 是随机变量 X 和 Y 相互独立的必要不充分条件。

二、相关系数

定义 2-24　若 $D(X)>0,D(Y)>0$，则称 $\frac{\mathrm{Cov}(X,Y)}{\sqrt{D(X)}\sqrt{D(Y)}}$ 为 X 和 Y 的相关系数，记为 $\rho(X,Y)$，即

$$\rho(X,Y)=\frac{\mathrm{Cov}(X,Y)}{\sqrt{D(X)}\sqrt{D(Y)}}\tag{2-33}$$

若 $\rho(X,Y)=0$，则说明 X 和 Y 不相关。

例 2-40　求例 2-39 中随机变量 X 和 Y 的相关系数。

解：由例 2-39 可知，$\mathrm{Cov}(X,Y)=0,D(X)>0,D(Y)>0$，故

$$\rho(X,Y)=\frac{\mathrm{Cov}(X,Y)}{\sqrt{D(X)}\sqrt{D(Y)}}=0$$

则随机变量 X 和 Y 不相关。

对于随机变量 X 和 Y，已知 $D(X)>0, D(Y)>0$，若 X 和 Y 相互独立，则 $E(XY)=E(X)E(Y)$，因此 $\mathrm{Cov}(X,Y)=0$。

定理 2-4 若随机变量 X 和 Y 相互独立，则 X 和 Y 不相关。

但由例 2-39 可知，虽然 $\mathrm{Cov}(X,Y)=0$，但 X 和 Y 并不相互独立。因此，X 和 Y“不相关”是其“相互独立”的必要不充分条件。

当然也存在特殊情况，见如下推论。

推论 若 $X\sim N(\mu_1,\sigma_1^2)$，$Y\sim N(\mu_2,\sigma_2^2)$，则 X 和 Y“不相关”是 X 和 Y“相互独立”的充要条件。

例 2-41 设二维连续型随机变量 (X,Y) 的概率密度函数为

$$f(x,y)=\begin{cases}\dfrac{1}{4} & (0<x<2,0<y<2)\\ 0 & \text{其他}\end{cases}$$

求 $\rho(X,Y)$。

解：根据概率密度函数的特征可知，

当 $0<x<2$ 时，$f_X(x)=\int_{-\infty}^{+\infty}f(x,y)\mathrm{d}y=\int_0^2\frac{1}{4}\mathrm{d}y=\frac{1}{2}$；

当 $x\leqslant 0, x\geqslant 2$ 时，$f_X(x)=0$。

X 的边缘概率密度函数为

$$f_X(x)=\begin{cases}\dfrac{1}{2} & (0<x<2)\\ 0 & \text{其他}\end{cases}$$

根据对称性，可得 Y 的边缘概率密度函数为

$$f_Y(y)=\begin{cases}\dfrac{1}{2} & (0<y<2)\\ 0 & \text{其他}\end{cases}$$

因此，$f(x,y)=f_X(x)\cdot f_Y(y)$，即 X 和 Y 相互独立。于是 X 和 Y 不相关，相关系数 $\rho(X,Y)=0$。

定理 2-5 $D(X+Y)=D(X)+D(Y)+2\mathrm{Cov}(X,Y)$。

例 2-42 已知随机变量 $X\sim B(10,0.1)$，$Y\sim P(2)$，且 $\mathrm{Cov}(X,Y)=0.4$，求 $D(X+Y)$，$D(2X-3Y)$。

解：由题意可知

$$D(X)=0.9, D(Y)=2$$

$$D(X+Y)=D(X)+D(Y)+2\mathrm{Cov}(X,Y)=0.9+2+2\times 0.4=3.7$$

$$D(2X-3Y)=D(2X)+D(3Y)-2\mathrm{Cov}(2X,3Y)$$

由性质 6 和性质 9 可知

$$D(2X-3Y)=4D(X)+9D(Y)-12\mathrm{Cov}(X,Y)=3.6+18-4.8=16.8$$

定义 2-25　矩阵

$$\boldsymbol{C}=\begin{pmatrix} D(X) & \mathrm{Cov}(X,Y) \\ \mathrm{Cov}(X,Y) & D(Y) \end{pmatrix}$$

称为 X 和 Y 的**协方差矩阵**。

协方差矩阵包含了随机变量 X，Y 的波动信息(即方差)，同时包含了 X 和 Y 的相关性信息。

习　　题

一、选择题

1. 已知随机变量 $X\sim B\left(4,\dfrac{1}{2}\right)$，则 $P\{X=2\}=(\quad)$。

A. $\dfrac{1}{3}$　　B. $\dfrac{2}{3}$　　C. $\dfrac{3}{8}$　　D. 1

2. 已知随机变量 $X\sim N(1,2^2)$，则 $P\{X<0\}=(\quad)$。

A. 0.6247　　B. 0.2417　　C. 0.3085　　D. 0.1587

3. 在相同条件下独立进行 5 次射击，每次射击时击中目标的概率为 0.6，设击中目标的次数为随机变量 X，则 $P\{X>2\}=(\quad)$。

A. 0.01024　　B. 0.07680　　C. 0.68256　　D. 0.08704

4. 已知二维随机变量的概率密度函数为 $f(x)=\begin{cases} cx^2y, & x^2\leqslant y\leqslant 1 \\ 0, & \text{其他} \end{cases}$，则 $c=(\quad)$。

A. $\dfrac{21}{4}$　　B. $\dfrac{7}{4}$　　C. $\dfrac{5}{2}$　　D. $\dfrac{21}{2}$

二、填空题

1. 已知随机变量 X 的取值是 $-1,0,1,2$，其取这 4 个数值的概率依次是 $\dfrac{1}{2b},\dfrac{3}{4b},\dfrac{5}{8b},\dfrac{2}{16b}$，则 $b=$________。

2. 设随机变量 $X\sim B(2,p)$，$Y\sim B(3,p)$，若 $P\{X\geqslant 1\}=\dfrac{5}{9}$，则 $P\{Y\geqslant 1\}=$________。

3. 已知 $X\sim N(3,2^2)$，若 $P\{X>c\}=P\{X\leqslant c\}$，则 $c=$________。

4. 已知 $X\sim E(0.2)$，则 $E(2X-3)=$________，$D(2X-3)=$________。

三、计算题

1. 进行独立重复试验，设每次试验成功的概率为 $p(0<p<1)$，若独

立进行试验,直到成功 1 次为止,随机变量 X 为试验的次数,写出随机变量 X 的分布律。

2. 设连续型随机变量 X 的概率密度函数为 $f(x)=\begin{cases}x & (0\leqslant x<1)\\ 2-x & (1\leqslant x<2)\\ 0 & 其他\end{cases}$,求其分布函数。

3. 某一公安局在时间间隔 t(单位:h)内收到的紧急呼救的次数 $X\sim P\left(\frac{1}{2}t\right)$,且与时间间隔的起点无关。求某一天中午 12 时至下午 3 时该公安局未收到紧急呼救的概率。

4. 已知离散型随机变量 X 的分布律为:

X	-2	0	2
P	0.4	0.3	0.3

求 $E(X)$ 和 $E(3X+5)$ 。

5. 设二维随机变量 (X,Y) 的概率密度函数为 $f(x,y)=\begin{cases}x+y & (0<x<1,0<y<1)\\ 0 & 其他\end{cases}$,求其边缘概率密度函数并判断 X 和 Y 是否相互独立。

6. 已知二维随机变量 (X,Y) 的概率密度函数为 $f(x,y)=\begin{cases}1 & (\lvert y\rvert<x,0<x<1)\\ 0 & 其他\end{cases}$,求 $E(X)$, $E(Y)$, $\mathrm{Cov}(X,Y)$。

拓展阅读

有趣的正态分布

正态分布是一种在自然科学和社会科学的许多领域中都非常常见的连续概率分布。

正态分布有以下几个重要性质。

单峰性:只有一个峰值。

对称性:分布关于均值对称。

集中性:大量数据集中在均值附近。

有界性:数据理论上在负无穷到正无穷之间,但实际上几乎所有的数据都会落在均值附近的一个区间内。

这些特性使得正态分布成为许多统计方法和技术的基础,以下是一些正态分布的主要应用领域。

1. 自然科学与工程

物理学：测量物理量时，很多情况下数据会围绕真实值呈正态分布。

工程学：在质量控制中，正态分布用于确定产品参数的容许偏差。

天文学：用于估计天体物理量的测量误差。

2. 统计学与数据分析

参数估计：利用正态分布的性质来估计总体的均值和方差。

假设检验：如 t 检验和 z 检验，都是基于正态分布理论的。

confidence intervals（置信区间）：计算参数的置信区间时，通常假定数据服从正态分布。

3. 社会科学

心理学：智力测试、性格测试等结果的分布通常假定服从正态分布。

经济学：股票市场的收益、通货膨胀率等经济指标通常假定服从正态分布。

4. 医学

人体测量数据：如身高、体重等人体指标通常服从正态分布。

药物学：药物剂量的反应数据通常假定服从正态分布。

5. 教育学

测试分数：学生的考试成绩通常假定服从正态分布，以便于设定评分标准和比较。

6. 质量控制

六西格玛管理：在六西格玛质量管理方法中，正态分布是基础，用于确定过程的稳定性和预测缺陷率。

7. 信号处理

误差分析：在信号处理中，误差和噪声通常假定服从正态分布。

8. 决策制订

风险评估：在金融业和保险业，正态分布用于评估潜在损失的概率。

虽然正态分布的应用非常广泛，但需要注意的是，并不是所有现实世界的数据都严格服从正态分布，因此在应用正态分布模型之前，通常需要进行正态性检验。

第三章　数理统计初步

在前面几章已经学习了概率论的基础内容，概率论主要研究的是随机变量及其分布。其所研究的随机变量的分布情况是已知的，但在实际应用中，常常存在分布未知或分布已知但参数未知的情况，这就需要利用已有数据或者独立重复观察获得数据去统计推断其分布、参数和数字特征，这就是数理统计学的范畴。本章将介绍数理统计的一些基本概念及方法。

第一节　数理统计基本概念

一、总体与样本

定义 3-1　在一个数理统计问题中，

总体：研究对象的全体；

个体：组成总体的每个对象；

总体容量：总体中包含的个体的数量，根据容量的有限和无限可将总体分为有限总体和无限总体；

例如，研究一批汽车零件的质量合格情况（合格记为1，不合格记为0），这批汽车零件组成了总体，每一个零件称为个体。每一个个体都对应了一个数值结果，也就是说从总体中随机抽取一个个体观察其质量合格情况，可以看作一个随机试验，其观察结果对应了一个 0－1 分布的随机变量。因此，总体可以看作一个随机变量 X，一般称总体 X。

样本：被抽取到的所有个体组成的集合；

样本容量：抽取到的个体的个数 n。

例如，研究一批汽车零件的质量合格情况（合格记为1，不合格记为0），若从总体中随机抽取 200 个零件进行观察，这 200 个零件组成了样本，200 就是样本容量。而样本可以看作从总体中独立重复进行了 n 次抽样并观察,样本中的每一个个体的结果都可能有两个,也就是说样本中的个体的观察结果同样也对应了一个相同的 0 – 1 分布的随机变量,所以说样本中的每一个个体均可以看作一个随机变量。

例 3-1 从某地区的所有 2024 级男生中随机抽取 20 名测量其身高(cm),指出其中的总体、个体、样本、样本容量。

解:总体为“某地区的所有 2024 级男生的身高”,个体为“该地区 2024 级男生中某一个男生的身高”,样本为“随机抽取的 20 名男生的身高”,样本容量为 20。

定义 3-2 从总体中随机抽取获得容量为 n 的样本,样本的第 i 个个体记为 X_i,则样本可记为 n 维随机变量 $(X_1,X_2,\cdots,X_n)$。若样本第 i 个个体的真实取值记为 x_i,则 $(x_1,x_2,\cdots,x_n)$ 称为一组**样本观测值**。所有可能观测值组成的一个集合是随机变量 $(X_1,X_2,\cdots,X_n)$ 的样本空间,样本空间的每一个观测值都称为样本点。

定义 3-3 设 $(X_1,X_2,\cdots,X_n)$ 为来自总体 X 的样本,若 $X_i(i=1,2,\cdots,n)$ 相互独立且每一个都与总体 X 同分布,则称为**简单随机抽样**,$(X_1,X_2,\cdots,X_n)$ 称为**简单随机样本**。

在大部分推断统计学中,都需要对总体进行简单随机抽样,一般来说,如果要进行简单随机抽样,就要对总体进行独立重复的放回抽样,或者当总体容量非常大时,不放回抽样也可以看作独立重复的放回抽样,以此获得简单随机抽样的样本。本书今后提到的抽样和样本均指简单随机抽样和简单随机样本。

例 3-2 设 $X \sim U(0,1)$,求来自该总体的样本 $(X_1,X_2,\cdots,X_n)$ 的概率密度函数。

解:由于 $X_1,X_2,\cdots X_n$ 独立同分布,$X_i \sim U(0,1)$,设 $f_{X_i}(x_i)$ 为 X_i 的边缘概率密度函数,则

$$\begin{aligned} f(x_1,x_2,\cdots,x_n) &= f_{X_1}(x_1)\cdot f_{X_1}(x_1)\cdot\cdots\cdot f_{X_n}(x_n) \\ &= \begin{cases} 1 & (0 < x_1,x_2,\cdots,x_n < 1) \\ 0 & \text{其他} \end{cases} \end{aligned}$$

二、常见的统计量

由前面部分可知,样本来自总体,是对总体分布情况的反映。但在很多实际情况中,进行抽样后,不一定会立即利用样本进行推断,而需要对样本进行“加工”和“提炼”,把样本中包含的关键信息进行集中,便于针对不同问题构造出样本的某种函数,利用这些函数进行统计推断。

定义 3-4 设 $(X_1,X_2,\cdots,X_n)$ 是来自总体 X 的一个容量为 n 的样

本，不包含未知参数的实值函数 $g(X_1,X_2,\cdots,X_n)$ 称为一个**统计量**。$g(x_1,x_2,\cdots,x_n)$ 是 $g(X_1,X_2,\cdots,X_n)$ 的**观测值**。统计量实际也是一个随机变量，统计量的分布称为**抽样分布**。

例 3-3 设 $(X_1,X_2,\cdots,X_n)$ 是来自总体 $X \sim N(\mu,\sigma^2)$ 的一个样本，其中 μ 已知，σ^2 未知，在下列样本的函数中：

(1) $g_1(X_1,X_2,\cdots,X_n) = X_1 + X_2 + \cdots + X_n$；

(2) $g_2(X_1,X_2,\cdots,X_n) = \max\{X_1,X_2,\cdots,X_n\}$；

(3) $g_3(X_1,X_2,\cdots,X_n) = \frac{1}{n}\sum_{i=1}^{n}(X_i-\mu)^2$；

(4) $g_4(X_1,X_2,\cdots,X_n) = \frac{1}{n}\sum_{i=1}^{n}\left(\frac{X_i-\mu}{\sigma}\right)^2$。

指出能作为统计量的函数。

解：由于 μ 已知，σ^2 未知，因此 g_1,g_2,g_3 可以看作统计量；而 g_4 包含未知参数，不能作为统计量。

定义 3-5 下面介绍 3 个常用的统计量：

(1) 样本均值：$\overline{X} = \frac{1}{n}\sum_{i=1}^{n}X_i$，其观测值为 $\overline{x} = \frac{1}{n}\sum_{i=1}^{n}x_i$；

(2) 样本方差：$S^2 = \frac{1}{n-1}\sum_{i=1}^{n}(X_i-\overline{X})^2$，其观测值为 $s^2 = \frac{1}{n-1}\sum_{i=1}^{n}(x_i-\overline{x})^2$；

(3) 样本标准差：$S = \sqrt{S^2} = \sqrt{\frac{1}{n-1}\sum_{i=1}^{n}(X_i-\overline{X})^2}$，其观测值为 $s = \sqrt{s^2} = \sqrt{\frac{1}{n-1}\sum_{i=1}^{n}(x_i-\overline{x})^2}$。

如图 3-1 所示，可用三角关系来直观解释总体、样本与统计量之间的关系。

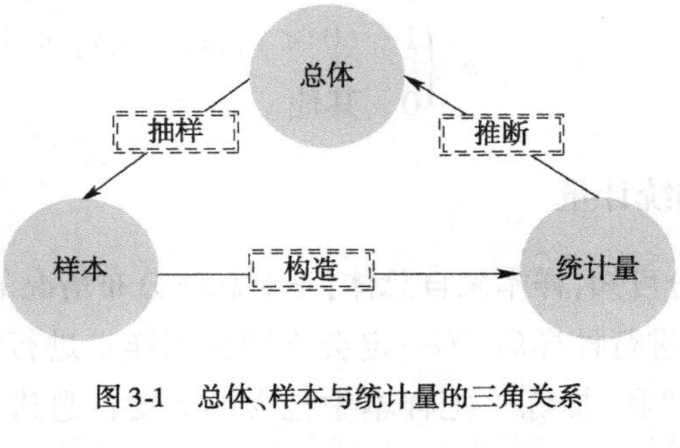

图 3-1 总体、样本与统计量的三角关系

例 3-4 从某地区的所有 2024 级男生中随机抽取 5 名测量其身高(cm)，

样本 A：180 176 172 182 175

求该样本的样本均值和样本方差的观测值。

解:样本均值的观测值为

$$\bar{x}=\frac{1}{5}(180+176+172+182+175)=177$$

样本方差的观测值为

$$s^2=\frac{1}{5-1}[(180-177)^2+(176-177)^2+(172-177)^2+(182-177)^2+(175-177)^2]=16$$

统计量刻画了样本的数字特征,如样本均值反映了样本的平均情况,样本方差和样本标准差反映了样本的波动或离散情况。而样本的数字特征也能一定程度反映总体的特征情况。

三、常见的抽样分布

前面已经知道,统计量的分布称为统计分布,下面介绍统计学里面常见的三个分布。

1. χ^2 分布

定义 3-6 设 $(X_1,X_2,\cdots,X_n)$ 是来自标准正态总体 $X\sim N(0,1)$ 的样本,则称统计量 $\chi^2=X_1^2+X_2^2+\cdots+X_n^2$ 服从**自由度为 n 的 χ^2 分布**,记为 $\chi^2\sim\chi^2(n)$。

2. t 分布

定义 3-7 设 $X\sim N(0,1)$,$Y\sim\chi^2(n)$,且 X 与 Y 相互独立,则称统计量

$$T=\frac{X}{\sqrt{Y/n}}$$

服从**自由度为 n 的 t 分布**,记为 $T\sim t(n)$。

3. F 分布

定义 3-8 设 $X\sim\chi^2(n_1)$,$Y\sim\chi^2(n_2)$,且 X 与 Y 相互独立,则称统计量

$$F=\frac{X/n_1}{Y/n_2}$$

服从**第一自由度为 n_1、第二自由度为 n_2 的 F 分布**,记为 $F\sim F(n_1,n_2)$。

在后面的学习中,还会遇到对上述统计量计算在某些特殊范围内的概率结果,如分布函数,下面介绍另一种概率结果。

定义 3-9 设随机变量 X 的分布函数为 $F(x)$,对于给定实数 $\alpha(0<\alpha<1)$,若一个实数 F_α 满足

$$P\{X>F_\alpha\}=\alpha$$

则称 F_α 为随机变量 X 的水平为 α 的**上侧分位数或上 α 分位点**，其表示随机变量 X 落在 F_α 右侧的概率。

若实数 $F_{\alpha/2}$ 满足

$$P\{|X| > F_{\alpha/2}\} = \alpha$$

则称 $F_{\alpha/2}$ 为随机变量 X 的水平为 α 的**双侧分位数**，其表示随机变量 X 落在 $F_{\alpha/2}$ 右侧和 $-F_{\alpha/2}$ 左侧的概率。

在统计学中，往往需要在已知水平 α 的情况下求得对应的上侧分位数。由于上述三个抽样分布的概率计算较难，其水平为 α 的**上侧分位数**通常可通过查表得知。

例如，对于 $\chi^2 \sim \chi^2(20)$，当 $\alpha = 0.0005$ 时，查附表 3 可知，$\chi^2_{0.0005}(20) = 47.4985$，即 $P\{\chi^2 > 47.4985\} = 0.0005$；对于 $T \sim t(20)$，当 $\alpha = 0.01$ 时，查附表 4 可知，$t^2_{0.01}(20) = 2.5280$，即 $P\{T > 2.5280\} = 0.01$；对于 $F \sim F(8,10)$，当 $\alpha = 0.05$ 时，查附表 5 可知，$F^2_{0.05}(8,10) = 3.07$，即 $P\{F > 3.07\} = 0.05$。

例 3-5 设 $(X_1, X_2, \cdots, X_{10})$ 是来自正态总体 $X \sim N(0, 2^2)$ 的一个简单随机样本，求 $P\left\{\sum_{i=1}^{10} X_i^2 \leqslant 73.228\right\}$。

解：易知 $\frac{X_i}{2} \sim N(0,1)$，则

$$\chi^2 = \sum_{i=1}^{10}\left(\frac{X_i}{2}\right)^2 \sim \chi^2(10)$$

$$P\left\{\sum_{i=1}^{10} X_i^2 \leqslant 73.228\right\} = P\left\{\sum_{i=1}^{10} \frac{X_i^2}{4} \leqslant 18.307\right\} = 1 - P\{\chi^2 > 18.307\}$$

查表可知 $P\{\chi^2 > 18.307\} = 0.05$，则

$$P\left\{\sum_{i=1}^{10} X_i^2 \leqslant 73.228\right\} = 0.95$$

4. 关于正态总体的抽样分布

定理 3-1 设 $(X_1, X_2, \cdots, X_n)$ 是来自正态总体 $X \sim N(\mu, \sigma^2)$ 的一个简单随机样本，则

(1) $\overline{X} \sim N\left(\mu, \frac{\sigma^2}{n}\right)$；

(2) $U = \frac{\overline{X} - \mu}{\sigma/\sqrt{n}} \sim N(0,1)$；

(3) $\frac{\overline{X} - \mu}{S/\sqrt{n}} \sim t(n-1)$；

(4) $\frac{(n-1)S^2}{\sigma^2}=\frac{\sum_{i=1}^{n}(X_i-\overline{X})^2}{\sigma^2}\sim\chi^2(n-1)$；

(5)样本均值 $\overline{X}$ 与样本方差 S^2 相互独立；

(6)若 $(Y_1,Y_2,\cdots,Y_m)$ 是来自另一正态总体 $Y\sim N(\mu_1,\sigma^2)$ 的一个简单随机样本，且样本 $(X_1,X_2,\cdots,X_n)$ 与样本 $(Y_1,Y_2,\cdots,Y_m)$ 相互独立，则统计量

$$T=\frac{(\overline{X}-\overline{Y})-(\mu-\mu_1)}{S_\omega\sqrt{\frac{1}{n}+\frac{1}{m}}}\sim t(n+m-2)$$

其中：$S_\omega=\sqrt{\frac{(n-1)S^2+(m-1)S_1^2}{n+m-2}}$，$S$ 为 X 的样本方差，S_1 为 Y 的样本方差；

(7)若 $(Y_1,Y_2,\cdots,Y_m)$ 是来自另一正态总体 $Y\sim N(\mu_1,{\sigma_1}^2)$ 的一个简单随机样本，且样本 $(X_1,X_2,\cdots,X_n)$ 与样本 $(Y_1,Y_2,\cdots,Y_m)$ 相互独立，则统计量

$$F=\frac{S^2/\sigma^2}{S_1^2/\sigma_1^2}\sim F(n-1,m-1)$$

例3-6　在总体 $X\sim N(80,20^2)$ 中随机抽取一容量为100的样本，试求样本均值与总体均值之差的绝对值大于3的概率。

解：由 $X\sim N(80,20^2)$，样本容量为100，可知 $\overline{X}\sim N(80,4)$，所求概率为

$$\begin{aligned}P\{|\overline{X}-80|>3\}&=1-P\left\{\frac{-3}{2}\leqslant\frac{\overline{X}-80}{2}\leqslant\frac{3}{2}\right\}\\&=1-\Phi(1.5)+\Phi(-1.5)\\&=1-\Phi(1.5)+[1-\Phi(1.5)]\\&=2-2\Phi(1.5)\\&=0.1336\end{aligned}$$

因此，在样本容量为100的情况下，样本均值与总体均值之差的绝对值大于3的概率为0.1336。

第二节　点估计与区间估计

在大多数的统计推断问题中，会出现虽已知其分布类型，但分布中的

一些参数未知的情况。在无法通过全面调查来取得这些未知参数的值的情况下,需要根据样本资料进行合理的分析,从而对总体的一个或多个参数进行估计,这称为参数估计,而根据估计结果的形式可分为点估计和区间估计。

一、点估计

点估计的思想:假设总体 X 的分布函数 $F(x,\theta)$ 的形式已知(当有多个未知参数时,θ 为一向量)。若 $(X_1,X_2,\cdots,X_n)$ 是来自总体的一个简单随机样本,并得到一组样本观测值 $(x_1,x_2,\cdots,x_n)$,则可以构造一个恰当的统计量 $\hat{\theta}=\hat{\theta}(X_1,X_2,\cdots,X_n)$,用其观测值 $\hat{\theta}(x_1,x_2,\cdots,x_n)$ 来估计。将 $\hat{\theta}=\hat{\theta}(X_1,X_2,\cdots,X_n)$ 称为 θ 的**估计量**,$\hat{\theta}(x_1,x_2,\cdots,x_n)$ 称为 θ 的**估计值**,均简记为 $\hat{\theta}$ 。

为保证准确度,一般通过以下三个标准来对估计量进行评选。

(1)无偏性。

定义 3-10 设 $\hat{\theta}=\hat{\theta}(X_1,X_2,\cdots,X_n)$ 是未知参数 θ 的估计量,若 $E(\hat{\theta})$ 存在且 $E(\hat{\theta})=\theta$,则称 $\hat{\theta}$ 是 θ 的**无偏估计量**。否则,称为**有偏估计量**。

无偏性的意义:未知参数的估计量 $\hat{\theta}=\hat{\theta}(X_1,X_2,\cdots,X_n)$ 实际上是一个复合型的随机变量,其观测值 $\hat{\theta}(x_1,x_2,\cdots,x_n)$ 随样本观测值的变化而变化。对于无偏估计量,由于其数学期望 $E(\hat{\theta})=\theta$,因此,其观测值会在真实值附近徘徊,偏左或者偏右出现,更加真实地反映参数 θ 的取值。

(2)有效性。

定义 3-11 设 $\hat{\theta}_1=\hat{\theta}_1(X_1,X_2,\cdots,X_n)$ 和 $\hat{\theta}_2=\hat{\theta}_2(X_1,X_2,\cdots,X_n)$ 是未知参数 θ 的无偏估计量,若 $D(\hat{\theta}_1)<D(\hat{\theta}_2)$,则称 $\hat{\theta}_1$ 比 $\hat{\theta}_2$ 有效。

有效性的意义:若在满足无偏性的情况下,可以通过无偏估计量的离散程度来评价估计量,则离散程度越小,说明估计量的观测值 $\hat{\theta}(x_1,x_2,\cdots,x_n)$ 在真实值 θ 附近越集中,估计情况越好。

(3)一致性(相合性)。

定义 3-12 设 $\hat{\theta}_n=\hat{\theta}_n(X_1,X_2,\cdots,X_n)$ 是未知参数 θ 的估计量(其中 $n\in\mathbf{N}^*$),若对于任意的 $\varepsilon>0$,都有 $\lim\limits_{n\to\infty}P\{|\hat{\theta}_n-\theta|\geqslant\varepsilon\}=0$,则称 $\hat{\theta}_n$ 是 θ 的**一致估计量**(或**相合估计量**)。

一致性的意义:$\lim\limits_{n\to\infty}P\{|\hat{\theta}_n-\theta|\geqslant\varepsilon\}=0$ 表明 $|\hat{\theta}_n-\theta|\geqslant\varepsilon$ 发生的可能性会随着样本容量的增大而越来越小,并无限接近于零。也就是说,在

样本容量非常大的情况下,估计量的观测值 $\hat{\theta}(x_1,x_2,\cdots,x_n)$ 几乎等于真实值 θ 。

下面介绍两种常见的点估计方法。

1. 矩估计法

定义 3-13　对于总体 X ,若 $E(X^k)$ 和 $E\{[X-E(X)]^k\}$ ($k=1,2,\cdots$)存在,则分别称为总体 X 的 **k 阶原点矩**和 **k 阶中心矩**,分别记为 u_k 和 v_k ,即

$$u_k = E(X^k)\ ;\ v_k = E\{[X-E(X)]^k\}$$

样本 k 阶原点矩: $A_k = \frac{1}{n}\sum_{i=1}^{n} X_i^k$ ($k=1,2,\cdots$),其观测值为 $a_k = \frac{1}{n}\sum_{i=1}^{n} x_i^k$ ($k=1,2,\cdots$);

样本 k 阶中心距: $B_k = \frac{1}{n}\sum_{i=1}^{n}(X_i-\overline{X})^k$ ($k=1,2,\cdots$),其观测值为 $b_k = \frac{1}{n}\sum_{i=1}^{n}(x_i-\overline{x})^k$ ($k=1,2,\cdots$)。

矩估计法:上述样本矩和总体矩均为统计量,但总体矩一般不可测,而样本矩是可测的。因此,可以用样本矩来估计总体矩,用样本矩的连续函数作为总体矩对应的连续函数的估计量。

2. 极大似然估计法

对于离散型总体 X ,其概率分布为 $P\{X=x\}=p(x,\theta)$ ($\theta\in\Theta$ 为未知参数)。若 $(X_1,X_2,\cdots,X_n)$ 是来自总体 X 的一个简单随机样本,其一组观测值为 $(x_1,x_2,\cdots,x_n)$ 。由于样本点间的独立重复性,因此样本取得这一组观测值的概率为

$$P\{X=x_1,X=x_2,\cdots,X=x_n\} = \prod_{i=1}^{n}P\{X=x_i\} = \prod_{i=1}^{n}p(x_i,\theta)$$

这是一个和 θ 取值有关的函数,记为 $L(\theta)$,即

$$L(\theta) = \prod_{i=1}^{n}p(x_i,\theta)$$

称 $L(\theta)$ 为**样本的似然函数**。

极大似然估计的思想:认为在一次观测中,出现的观测值结果应该是最有可能出现的,也就是说, θ 的估计值应使得样本观测值 $(x_1,x_2,\cdots,x_n)$ 出现的概率最大,即

$$L(\theta) = \max_{\theta\in\Theta}L(\theta)$$

其中: $\hat{\theta}(X_1,X_2,\cdots,X_n)$ 是 $\theta(X_1,X_2,\cdots,X_n)$ 的一个估计量,称为 θ 的**极大似然估计量**, $\hat{\theta}(x_1,x_2,\cdots,x_n)$ 为 θ 的**极大似然估计值**。

二、区间估计

区间估计的思想:在点估计中,$\hat{\theta}$ 的观测值只是 θ 的一个近似值,在实际应用中,往往希望根据样本给出一个被估计参数的范围,使得它能以较大的概率包含被估计参数的真实值。这个范围常以区间给出,所以称为参数的**区间估计**。

定义 3-14 设总体 X 的分布函数 $F(x,\theta)$ 的形式已知(当有多个未知参数时,θ 为一向量)。若 $(X_1,X_2,\cdots,X_n)$ 是来自总体的一个简单随机样本,并得到一组样本观测值 $(x_1,x_2,\cdots,x_n)$,可以构造两个恰当的统计量 $\underline{\theta}=\underline{\theta}(X_1,X_2,\cdots,X_n)$,$\overline{\theta}=\overline{\theta}(X_1,X_2,\cdots,X_n)$,满足 $P\{\underline{\theta}<\theta<\overline{\theta}\}\geqslant 1-\alpha$,则称区间 $(\underline{\theta},\overline{\theta})$ 是 θ 的**置信水平**(或置信度)为 $1-\alpha$ 的**置信区间**,$\underline{\theta}$ 和 $\overline{\theta}$ 分别称为**置信下限**和**置信上限**。

置信区间的含义:通过反复抽样,每一次抽样的容量为 n,第 i 次抽样的观测值为 $(x_{1i},x_{2i},\cdots,x_{ni})$,统计量 $\underline{\theta},\overline{\theta}$ 对应的观测值分别为

$$\underline{\theta}(x_{1i},x_{2i},\cdots,x_{ni}),\overline{\theta}(x_{1i},x_{2i},\cdots,x_{ni})$$

对应的区间 $(\underline{\theta}(x_{1i},x_{2i},\cdots,x_{ni}),\overline{\theta}(x_{1i},x_{2i},\cdots,x_{ni}))$ 可能包含真实值也可能不包含,但在大量独立重复抽样后,包含真实值的区间数量占比为 $(1-\alpha)\times 100\%$。这个值虽然越大越好,但考虑实际情况,一般可取 $\alpha=0.01,0.05,0.001$ 等。

表 3-1、表 3-2 和表 3-3 给出了几个正态总体期望和方差的区间估计,方便以后对假设检验方法的应用。

正态总体 $X\sim N(\mu,\sigma^2)$ 的参数 μ 的区间估计 表 3-1

条件	σ^2 已知	σ^2 未知
选用统计量	$U=\dfrac{\overline{X}-\mu}{\sigma/\sqrt{n}}$	$T=\dfrac{\overline{X}-\mu}{S/\sqrt{n}}$
分布	$N(0,1)$	$t(n-1)$
置信水平为 $1-\alpha$ 的置信区间	$\left(\overline{X}-\dfrac{\sigma}{\sqrt{n}}z_{\alpha/2},\overline{X}+\dfrac{\sigma}{\sqrt{n}}z_{\alpha/2}\right)$	$\left(\overline{X}-\dfrac{S}{\sqrt{n}}t_{\alpha/2}(n-1),\overline{X}+\dfrac{S}{\sqrt{n}}t_{\alpha/2}(n-1)\right)$

正态总体 $X\sim N(\mu,\sigma^2)$ 的参数 σ^2 的区间估计 表 3-2

条件	μ 已知	μ 未知
选用统计量	$\chi^2=\dfrac{(n-1)S^2}{\sigma^2}$	$\chi^2=\sum\limits_{i=1}^{n}\left(\dfrac{X_i-\mu}{\sigma}\right)^2$

续上表

条件	μ 已知	μ 未知
分布	$\chi^2(n-1)$	$\chi^2(n)$
置信水平为 $1-\alpha$ 的置信区间	$\left(\dfrac{(n-1)S^2}{\chi^2_{\alpha/2}(n-1)},\dfrac{(n-1)S^2}{\chi^2_{1-\alpha/2}(n-1)}\right)$	$\left(\dfrac{\sum\limits_{i=1}^{n}(X_i-\mu)^2}{\chi^2_{\alpha/2}(n)},\dfrac{\sum\limits_{i=1}^{n}(X_i-\mu)^2}{\chi^2_{1-\alpha/2}(n)}\right)$

正态总体 $X \sim N(\mu_1,\sigma_1^2)$，$Y \sim N(\mu_2,\sigma_2^2)$ 的期望差 $\mu_1-\mu_2$ 的区间估计

表 3-3

条件	σ_1^2,σ_2^2 已知	σ_1^2,σ_2^2 未知，但 $\sigma_1^2=\sigma_2^2=\sigma^2$
选用统计量	$\dfrac{(\overline{X}-\overline{Y})-(\mu_1-\mu_2)}{\sqrt{\dfrac{\sigma_1^2}{n_1}+\dfrac{\sigma_2^2}{n_2}}}$	$\dfrac{(\overline{X}-\overline{Y})-(\mu_1-\mu_2)}{S_0\sqrt{\dfrac{1}{n_1}+\dfrac{1}{n_2}}}$ 其中： $S_0=\sqrt{\dfrac{(n_1-1)S_1^2+(n_2-1)S_2^2}{n_1+n_2-2}}$， S_1 为 X 的样本方差，S_2 为 Y 的样本方差
分布	$N(0,1)$	$t(n_1+n_2-2)$
置信水平为 $1-\alpha$ 的置信区间	$\left(\overline{X}-\overline{Y}-z_{\alpha/2}\sqrt{\dfrac{\sigma_1^2}{n_1}+\dfrac{\sigma_2^2}{n_2}},\right.$ $\left.\overline{X}-\overline{Y}+z_{\alpha/2}\sqrt{\dfrac{\sigma_1^2}{n_1}+\dfrac{\sigma_2^2}{n_2}}\right)$	$\left(\overline{X}-\overline{Y}-t_{\alpha/2}(n_1+n_2-2)S_0\sqrt{\dfrac{1}{n_1}+\dfrac{1}{n_2}},\right.$ $\left.\overline{X}-\overline{Y}+t_{\alpha/2}(n_1+n_2-2)S_0\sqrt{\dfrac{1}{n_1}+\dfrac{1}{n_2}}\right)$

例 3-7 有一大批糖果，现从中随机取 16 袋，称得质量(g)如下：

506 508 499 503 504 510 497 512

514 505 493 496 506 502 509 496

设袋装糖果的质量服从正态分布，试求总体均值 μ 的置信水平为 0.95 的置信区间。

解： $\alpha=1-0.95=0.05$，$n-1=15$，查附表 4 可知

$$t_{0.025}(15)=2.1315$$

计算可得

$$\bar{x}=503.75,s=6.2022$$

得 μ 的置信水平为 0.95 的置信区间为

$$\left(503.75-\frac{6.2022}{\sqrt{16}}\times 2.1315,503.75+\frac{6.2022}{\sqrt{16}}\times 2.1315\right)$$

即

$$(500.4,507.1)$$

也就是说,估计袋装糖果质量的均值在 500.4 ~ 507.1g 之间,这个估计的可信程度为 95%。

第三节 正态总体参数的假设检验

上一节学习了参数估计,在统计推断中,除了要估计参数,还要从样本出发,针对总体的某一命题是否成立作出定性的回答,如产品是否合格、某校男生身高是否服从均值为 175cm 的正态分布、两个批次的电子元件总体质量是否一致等。在解决过程中,常常用假设检验的方式来对这些命题作出一个假设。本节将介绍假设检验法。

一、假设检验的思想和基本方法

小概率事件出现的可能性低,一般是指大量独立重复试验后的结果。而假设检验的基本思想是:认为在一次试验中,小概率事件是“不可能发生”的。因此,若要验证某个命题是否成立,可以先假设其成立,在其成立的条件下找到某统计量,通过获得一组样本观测值,计算统计量出现的可能性,若出现小概率事件,则说明与其基本思想产生矛盾,认为该假设不成立;反之,则认为该假设成立。当然,这个“不可能发生”并不是绝对的,只是说发生的可能性极低。也就是说,判定假设成立的正确性也是有概率的。一般来说,要确定小概率事件发生的概率界限 α,称为显**著性水平**,常常取值为 0.10、0.05、0.01 等。

在假设检验中,一般将需要验证的命题称为**原假设**,记为 H_0;其对立事件(或互斥事件)称为**备择假设**,记为 H_1。假设检验的一般步骤如下:

(1)根据要检验的命题提出假设检验,包括原假设和备择假设;

(2)根据已知条件选择一个统计量 $g(X_1,X_2,\cdots,X_n)$,要求在原假设 H_0 成立的情况下,该统计量的分布已知;

(3)根据显著性水平 α,查找令 $P\{g(x_1,x_2,\cdots,x_n)$ 在某区间范围$\} = \alpha$ 成立的区间临界值,以此确定拒绝原假设 H_0 的区间 C,这个区间 C 称为 H_0 的拒绝域;

(4)根据样本观测值计算统计量,并与临界值比较;

(5)得出结论,若统计量的观测值 $g(x_1,x_2,\cdots,x_n)\in C$,则拒绝原假设,否则接受原假设。

但由于假设检验的思想是认为“小概率事件在一次试验中不可能发

生”，但实际上，小概率事件有 α 的可能性发生，因此会出现以下两类错误的情况。

第Ⅰ类错误：原假设 H_0 实际为真，但拒绝原假设 H_0 ，也就是“弃真”；

第Ⅱ类错误：原假设 H_0 实际上不真，但接受原假设 H_0 ，也就是“取伪”。

合理的假设检验，一般应使犯这两类错误的概率均较小，但一般情况下，为了操作方便，都是控制犯第Ⅰ类错误的概率，使其不大于显著性水平。

二、U 检验

设 $(X_1,X_2,\cdots,X_n)$ 是来自正态总体 $X \sim N(\mu,\sigma^2)$ 的一个简单随机样本，其中 μ 未知，σ^2 已知。给定一个 μ_0 ，利用 $(X_1,X_2,\cdots,X_n)$ 检验 μ 是否等于 μ_0 。

(1)给出假设检验：

$$H_0:\mu = \mu_0\ ,\ H_1:\mu \neq \mu_0$$

(2)已知 $U = \dfrac{\overline{X} - \mu}{\sigma/\sqrt{n}} \sim N(0,1)$ ，因此当原假设 H_0 成立时，选用统计量 $U = \dfrac{\overline{X} - \mu_0}{\sigma/\sqrt{n}} \sim N(0,1)$ ，给定显著性水平 α 。

(3)查附表 2 确定使 $P\left\{\left|\dfrac{\overline{X} - \mu}{\sigma/\sqrt{n}}\right| > z_{\alpha/2}\right\} = \alpha$ 成立的 $z_{\alpha/2}$ 值，其中 $\Phi(z_{\alpha/2}) = 1 - \dfrac{\alpha}{2}$，拒绝域为 $(-\infty,-z_{\alpha/2}) \cup (z_{\alpha/2},+\infty)$ 。

(4)确定样本观测值是否落在拒绝域内。

(5)得出结论。

例 3-8　某车间用一台包装机包装葡萄糖，袋装糖的净重是一个服从正态分布的随机变量。当机器正常运作时，生产的袋装糖均值为 0.5kg，标准差为 0.015kg。过往经验表明，机器的标准差数据比较稳定。某日开工后为检验包装机是否正常运作，随机抽取了其生产的 9 袋糖，称得净重(单位：kg)为

0.497　0.506　0.518　0.524　0.498　0.511　0.520　0.515　0.512

问：在显著性水平 $\alpha = 0.10$ 下，是否可以认为机器正常运作？

解：由题意知，可认为标准差是常数，设袋装糖的净重 $X \sim N(\mu,0.015^2)$ ，给定 $\mu_0 = 0.5$ ，下面进行假设检验：

$$H_0:\mu = \mu_0 = 0.5\ ,\ H_1:\mu \neq \mu_0$$

选择统计量 $U = \dfrac{\overline{X} - \mu_0}{0.015/\sqrt{9}} \sim N(0,1)$，$\bar{x} = 0.511$。

查附表 2 可知，$P\left\{\left|\dfrac{\bar{x} - \mu_0}{0.015/\sqrt{9}}\right| > 0.5199\right\} = 0.05$，拒绝域为 $(-\infty, -0.5199) \cup (0.5199, +\infty)$。

由于 $0.511 \notin (-\infty, -0.5199) \cup (0.5199, +\infty)$，故接受原假设，也就是认为机器正常运作。

三、χ^2 检验

设 $(X_1, X_2, \cdots, X_n)$ 是来自正态总体 $X \sim N(\mu, \sigma^2)$ 的一个简单随机样本，其中 μ 和 σ^2 均未知。给定一个 σ_0，利用 $(X_1, X_2, \cdots, X_n)$ 检验 σ^2 是否等于 σ_0^2。

(1)给出假设检验：

$$H_0: \sigma^2 = \sigma_0^2, H_1: \sigma^2 \neq \sigma_0^2$$

(2)已知 $\dfrac{(n-1)S^2}{\sigma^2} = \dfrac{\sum\limits_{i=1}^{n}(X_i - \overline{X})^2}{\sigma^2} \sim \chi^2(n-1)$，因此当原假设 H_0 成立时，选用统计量 $\dfrac{(n-1)S^2}{\sigma_0^2}$，给定显著性水平 α。

(3) χ^2 分布的图形不对称，通过查附表 3 确定使 $P\left\{\dfrac{(n-1)S^2}{\sigma_0^2} > \lambda_1\right\} = \dfrac{\alpha}{2}$ 和 $P\left\{\dfrac{(n-1)S^2}{\sigma_0^2} < \lambda_2\right\} = 1 - \dfrac{\alpha}{2}$ 成立的 λ_1, λ_2 值，拒绝域为 $(-\infty, -\lambda_2) \cup (\lambda_1, +\infty)$。

(4)确定样本观测值是否落在拒绝域内。

(5)得出结论。

例 3-9 过去几年亩产量的资料显示，某乡镇水稻亩产量 $X \sim N(\mu, \sigma^2)$，其方差为 5625。在今年对收成进行评估时，随机抽取了 10 块地，亩产量(单位:kg)分别为

270 316 337 340 347 348 354 368 390 423

问：根据以上评估资料，在显著性水平 $\alpha = 0.05$ 下，能否认为该乡镇水稻亩产量的方差没有变化？

解：实际上亩产量的总体均值和方差都未知，从过去的数据中估算出一个方差结果 σ_0^2，下面进行假设检验。

原假设 $H_0: \sigma^2 = \sigma_0^2 = 5625$，备择假设 $H_0: \sigma^2 \neq \sigma_0^2 \neq 5625$。

统计量的观测值为 $\frac{9s^2}{\sigma_0^2} = 10.688$，由于 $\frac{9S^2}{\sigma_0^2} \sim \chi^2(9)$，查附表 3 可知

$$P\left\{\frac{9S^2}{\sigma_0^2} > 19.023\right\} = 0.025, P\left\{\frac{9S^2}{\sigma_0^2} < 2.7\right\} = 0.975$$

故拒绝域为 $(-\infty, -19.023) \cup (2.7, +\infty)$。

而 $10.688 \in (-\infty, -19.023) \cup (2.7, +\infty)$，拒绝原假设，也就是今年的样本观测值与过往数据的方差相比变化显著，认为该乡镇水稻亩产量的方差变化显著。

习　　题

一、选择题

1. 假设检验中，若显著性水平为 $\alpha = 0.05$，$p = 0.03$，则(　　)。

A. 接受原假设　　　　B. 拒绝原假设

C. 无法判断　　　　D. 需重新计算

2. 在区间估计中，$P\{\theta_1 < \theta < \theta_2\} = 1 - \alpha$ 的含义是(　　)。

A. θ 以 $1 - \alpha$ 的概率落在区间 (θ_1, θ_2) 内

B. θ 落在区间 (θ_1, θ_2) 以外的概率为 α

C. θ 不落在区间 (θ_1, θ_2) 以内的概率为 α

D. 区间 (θ_1, θ_2) 包含 θ 的概率为 $1 - \alpha$

3. 设 $(X_1, X_2, \cdots, X_n)$ 是来自总体 $X \sim N(\mu, \sigma^2)$ 的一个样本，则样本方差是(　　)。

A. $\sum_{i=1}^{n} X_i$　　　　B. $\frac{1}{n}\sum_{i=1}^{n} X_i$

C. $\frac{1}{n-1}\sum_{i=1}^{n} (X_i - \overline{X})^2$　　　　D. $\sqrt{\frac{1}{n-1}\sum_{i=1}^{n} (X_i - \overline{X})^2}$

4. 设 $(X_1, X_2, \cdots, X_n)$ 是来自正态总体 $X \sim N(\mu, \sigma^2)$ 的一个样本，其中 μ 未知，σ^2 已知，则若要判定 μ 是否等于某一已知 μ_0，应该做的是(　　)。

A. U 检验　　　　B. χ^2 检验

C. t 检验　　　　D. F 检验

二、填空题

1. 有一个来自总体 X 的简单随机样本：3.25, 3.27, 3.24, 3.26, 3.24，则样本均值 $\overline{X} =$ ________，样本方差 $S^2 =$ ________。

2. 设总体 $X \sim N(\mu,1)$，(X_1,X_2,X_3) 是来自总体的样本，若估计量 $\hat{\mu}=\frac{1}{2}X_1+\frac{1}{3}X_2+kX_3$ 为的无偏估计量，则 $\mu=$ ________。

3. 从某大学新生数学成绩服从正态分布，从中随机抽出 50 名学生，其数学入学考试成绩标准差为 7.3 分，则标准差(置信水平为 95%)的置信区间为________。

4. 某正态总体的随机样本观测值为：

9.56　8.33　10.12　10.28　8.85　11.19

11.18　9.96　10.32　10.17　9.81　10.72

则平均值和方差的极大似然估计值为 $\bar{x}=$ ______，$\hat{s}^2=$ ______。

三、计算题

1. 随机地取 8 只活塞环，测得它们的直径(单位：mm)为

74.001　74.005　74.003　74.001　74.000　73.998　74.006　74.002

试求：总体均值 μ 及方差 σ^2 的矩估计值，并求样本方差 s^2。

2. 设某种清漆的 9 个样品，其干燥时间(单位：h)分别为

6.0　5.7　5.8　6.5　7.0　6.3　5.6　6.1　5.0

设干燥时间总体 X 服从正态分布，即 $X \sim N(\mu,\sigma^2)$，试求以下情况下，μ 的置信水平为 0.95 的置信区间：

(1)若由以往经验知 $\sigma=0.6$；

(2)若 σ 未知。

3. 某批矿砂的 5 个样品中的镍含量(单位：%)，经测定为

3.25　3.27　3.24　3.26　3.24

设测定值总体服从参数未知的正态分布，试问：在显著性水平 $\alpha=0.01$ 下，是否接受假设：这批矿砂的镍含量的均值为 3.25？

4. 随机地从 A 批导线中抽 4 根，又从 B 批导线中抽 4 根，测得电阻(单位：Ω)为

A 批导线：0.143　0.142　0.143　0.137

B 批导线：0.140　0.142　0.136　0.138

设测定数据分别来自两个独立的正态总体 X，Y，且 $X \sim N(\mu_1,\sigma^2)$，$Y \sim N(\mu_2,\sigma^2)$，但 μ_1,μ_2,σ^2 均未知。试问：在显著性水平 $\alpha=0.05$ 下，是否可以认为两批导线有差异？

5. 下面列出的是某工厂随机选取的 20 只部件的装配时间(单位：min)：

9.8　10.4　10.6　9.6　9.7　9.9　10.9　11.1　9.6　10.2

10.3　9.6　9.9　11.2　10.6　9.8　10.5　10.1　10.5　9.7

设装配时间总体 X 服从正态分布，即 $X \sim N(\mu,\sigma^2)$，但均未知。试问：在显著性水平 $\alpha = 0.05$ 下，是否可以认为装配时间的均值显著大于10?

拓展阅读

假设检验的应用领域

假设检验是统计学中的一个基本概念，用于根据样本数据对总体参数的某个假设进行评估。以下是假设检验的一些主要应用领域。

1. 医学研究

检验新药物是否比安慰剂或现有药物更有效。

评估某种治疗方法是否能够降低疾病的发病率或死亡率。

检验不同饮食或生活方式对健康指标的影响。

2. 生物科学

比较不同基因型或品种在某个性状上的差异。

分析实验处理是否对生物体产生显著影响。

3. 社会科学

评估教育干预措施是否提高了学生的学习成绩。

检验社会政策变化是否对公众行为或态度产生了影响。

4. 市场研究

判断推出新产品或采取广告营销是否增加了企业市场份额。

分析不同市场策略对消费者偏好的影响。

5. 质量控制

检验生产过程是否稳定，是否存在异常。

确定产品批次是否满足质量标准。

6. 金融分析

评估投资策略是否能够带来超额收益。

检验市场是否有效，即价格是否反映了所有可用信息。

7. 环境科学

检验污染水平是否超过了环境标准。

分析环境干预措施是否改善了生态系统的状况。

第四章　MATLAB 与数理统计

在日常生活和工作中,会遇到不少的数据需要处理并观察其统计特征,如某地在雨季的平均日降雨量、某地在雨季单日平均出现落石的次数、某路段在一日之内车流量的最高峰时段;又或者需要观察某种新技术是否有效,如某条道路使用了新型技术,如何确定该技术比老技术有更高的质量。本章将介绍概率统计分析在实际问题中的应用。

第一节　常见随机变量的 MATLAB 模拟与实现

前面已经学习了几类常见的随机变量及其概率分布,而在实际情境中需要利用随机变量,通过计算机进行系统模拟来辅助解决问题。像这样的,在一定假设条件下,利用数学运算模拟系统的运行并在计算机上实现的过程,称为系统仿真模拟。为了更好地利用 MATLAB 解决统计问题,下面介绍常用的概率分布的 MATLAB 仿真模拟。

一、常见随机变量的概率分布实现

1. 二项随机分布

知识回忆:什么是伯努利试验?若随机变量服从二项分布,则其概率分布如何表示?

二项分布 $X \sim B(n,p)$ 在点 $X = x$ 处的概率在 MATLAB 中的实现:

$$P\{X = x\} = \mathrm{binopdf}(x,n,p)$$

分布函数 $F(x) = P\{X \leqslant x\}$ 在 MATLAB 中的实现:

$$F(x) = P\{X \leqslant x\} = \mathrm{binocdf}(x,n,p)$$

MATLAB 中生成参数分别为 n 和 p 的二项分布的 $s \times m$ 随机数字矩阵:

M = binornd(n,p,s,m)

2. 泊松分布

知识回忆:描述服从泊松分布的随机变量有何特点。若随机变量服从泊松分布,则其概率分布如何表示?

泊松分布 $X \sim P(\lambda)$ 在点 $X = x$ 处的概率在 MATLAB 中的实现:

$$P\{X = x\} = \mathrm{poisspnd}(x,\lambda)$$

分布函数 $F(x) = P\{X \leqslant x\}$ 在 MATLAB 中的实现:

$$F(x) = P\{X \leqslant x\} = \mathrm{poisscnd}(x,\lambda)$$

MATLAB 中生成参数为 λ 的泊松分布的 $s \times m$ 随机数字矩阵:

$$M = \mathrm{poissrnd}(\lambda,s,m)$$

例 4-1　制造厂每月工伤数目服从参数为 2.5 的泊松分布,即平均每月有 2.5 人次出现工伤,那么下个月不会出现工伤的概率是多少?下个月至少有 2 人次出现工伤的概率是多少?

解:代码如下:

```
p1 = poisspdf(0,2.5);      % 下个月不会出现工伤的概率
p2 = poisscdf(1,2.5);      % 下个月最多有 1 人次出现工伤的概率
cp2 = 1 - p2               % 下个月至少有 2 人次出现工伤的概率
```

输出结果如下:

```
p1 =
    0.0821
p2 =
    0.2873
cp2 =
    0.7127
```

因此,下个月不会出现工伤的概率是 0.0821;下个月至少有 2 人次出现工伤的概率是 0.7127。

3. 均匀分布

知识回忆:描述服从均匀分布的随机变量有何特点。若随机变量服从均匀分布,则其概率密度函数如何表示?

均匀分布 $X \sim U(a,b)$ 在点 $X = x$ 处的概率密度在 MATLAB 中的实现:

$$f_X(x) = \mathrm{unifpdf}(x,a,b)$$

分布函数 $F(x) = P\{X \leqslant x\}$ 在 MATLAB 中的实现:

$$F(x) = P\{X \leqslant x\} = \mathrm{unifcdf}(x,a,b)$$

MATLAB 中生成参数分别为 a,b 的均匀分布的 $s \times m$ 随机数字矩阵:

$$M = \mathrm{unifrnd}(a,b,s,m)$$

4. 指数分布

知识回忆:描述服从指数分布的随机变量有何特点。若随机变量服

从指数分布,则其概率密度函数如何表示?

指数分布 $X \sim E(\lambda)$ 在点 $X = x$ 处的概率密度在 MATLAB 中的实现:

$$f_X(x) = \text{exppdf}(x,\lambda)$$

分布函数 $F(x) = P\{X \leqslant x\}$ 在 MATLAB 中的实现:

$$F(x) = P\{X \leqslant x\} = \text{expcdf}(x,\lambda)$$

MATLAB 中生成参数为 λ 的指数分布的 $s \times m$ 随机数字矩阵:

$$M = \text{exprnd}(\lambda,s,m)$$

例 4-2(排队系统的仿真模拟) 假设某商店在某一天内,顾客到达商店的平均时间间隔是 10 个单位时间,即平均 10 个单位时间到达 1 位顾客。请通过 MATLAB 模拟出 6 位依次到来的顾客到达的时间间隔。

解:代码如下:

```
M = exprnd(10,1,5)
```

输出结果:

```
M =

    2.0491    0.9895   20.6367    0.9061    4.5830
```

通过模拟,6 位依次到来的顾客到达的时间间隔分别是 2.0491、0.9895、20.6367、0.9061、4.5830。

5. 正态分布

知识回忆:描述服从正态分布的随机变量有何特点。若随机变量服从正态分布,则其概率密度函数如何表示?

正态分布 $X \sim N(\mu,\sigma^2)$ 在点 $X = x$ 处的概率密度在 MATLAB 中的实现:

$$f_X(x) = \text{normpdf}(x,\mu,\sigma)$$

分布函数 $F(x) = P\{X \leqslant x\}$ 在 MATLAB 中的实现:

$$F(x) = P\{X \leqslant x\} = \text{normcdf}(x,\mu,\sigma)$$

MATLAB 中生成参数分别为 μ,σ 的正态分布的 $s \times m$ 随机数字矩阵:

$$M = \text{normrnd}(\mu,\sigma,s,m)$$

6. 命令小结

上述 5 类常见随机变量的概率分布在 MATLAB 中的实现函数的特点,可总结归纳如下:

(1)随机变量的概率(概率密度)类函数结尾字符串为 pdf;

(2)随机变量分布函数结尾字符串为 cdf;

(3)生成服从某种分布的随机矩阵的函数结尾字符串为 rnd。

根据上述特点,可方便记忆相应函数名。

二、案例应用

在实际应用中，常常需要对随机变量进行独立重复的模拟，这就需要用到循环语句。

while 循环结构 一种在某种条件满足时无限次地反复执行循环体的结构，通常使用如下格式：

```
while expression
循环体
end
```

其中：如果 expression 的值非零(true)，则循环体被执行；如果 expression 的值为零(false)，则执行 end 之后的语句。

for 循环结构 一种用于实现固定循环次数的算法，格式如下：

```
for index = expr
循环体
end
```

其中：index 是控制循环次数的变量，expr 是控制循环次数的表达式，常用形式如下：

循环变量初值：步长：循环变量末值(步长为 1 时可省略)

例如：

```
for ii = 1 : 10
循环体
end
```

上例中，控制表达式将生成一个 1×10 的数组，循环体将被执行 10 次。循环次数控制变量 ii 的数值从 1 至 10，执行 10 次后，程序将执行 end 之后的语句，且 ii 保持最后一个数值 10。

例 4-3(排队系统推广) 某商店内有一个柜台，在营业时间固定配备一位营业员。营业期间，顾客陆续到达，该营业员将逐个接待顾客。当顾客较多时，需要排队。已知：

(1)所有的时间以 min 为单位；

(2)顾客到达的时间间隔服从参数为 0.1 的指数分布；

(3)顾客接受服务的时间服从[2,10]上的均匀分布；

(4)一个工作日的工作时间为 8h，即 480min。

请完成以下任务：

(1)模拟 100 个工作日内完成服务的个数；

(2)求平均每日完成服务的个数以及顾客平均等待的时间。

解:(1)模型假设。

①排队按照先到先服务原则,排队长度无限制;

②接待完毕后顾客离开商店,即不会立即返回,队伍正常排;

③柜台只需保证 8h 内有一位营业员,不考虑营业员交班等因素导致的时间影响;

④超过 8h 营业时间,排队顾客将不被服务,若有顾客正在被服务,则仍需完成服务。

(2)模型建立。

为方便表示,相关符号假设如下:

w:总的等待时间;

$c(i)$:第 i 个顾客的到达时刻;

$b(i)$:第 i 个顾客的开始服务时刻;

$e(i)$:第 i 个顾客的服务结束时刻;

$x(i)$:第 $i-1$ 个顾客与第 i 个顾客到达的时间间隔;

$y(i)$:第 i 个顾客的被服务时间。

观察柜台一天的营业流程(见图 4-1)。

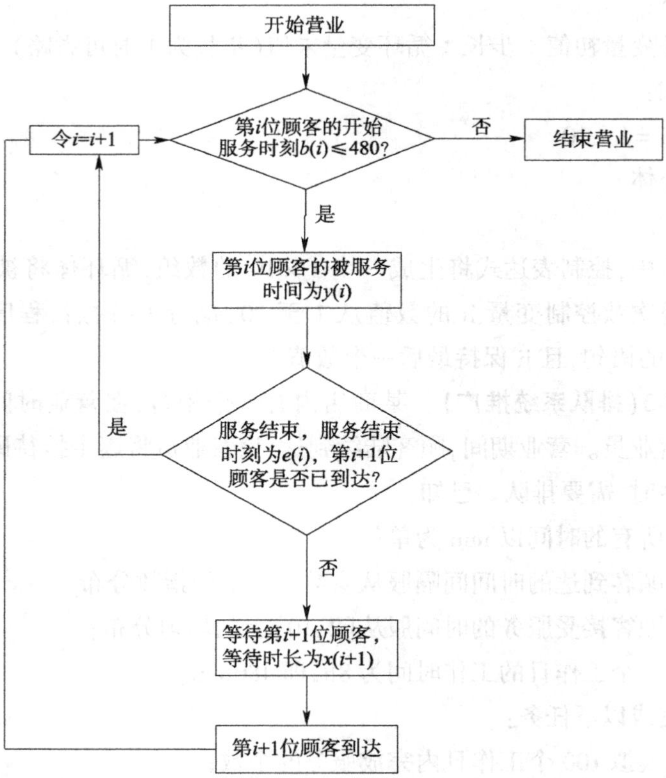

图 4-1　营业流程

(3)模型求解。

根据 MATLAB 中的指数分布模拟命令及循环语言应用,具体模型构建如下:

```
cs = 100;
for jj = 1 : cs
i = 2;w(jj) = 0;
x(i) = exprnd(10);
c(i) = x(i);
b(i) = x(i);
while b(i) < = 480
y(i) = unifrnd(2,10);
e(i) = b(i) + y(i);
w(jj) = w(jj) + b(i) - c(i);
i = i + 1;
x(i) = exprnd(10);
c(i) = c(i - 1) + x(i);
b(i) = max(c(i),e(i - 1));
end
i = i - 2;
t(jj) = w(jj)/i;
m(jj) = i;
end
pt = sum(t)/cs
pm = sum(m)/cs
```

输出结果:

```
pt =
    4.5791
pm =
    47.0500
```

(4)结果分析。

每日完成服务的个数约为 47,顾客平均等待的时间约为 4.5791min。

第二节　MATLAB 与简单统计量

在数据分析中,往往会通过数据的图像特征及其常见统计量的刻画来初步描述和分析数据，以帮助进一步刻画其分布特征。本节介绍MATLAB中一些简单的数据图表绘制和统计量。

一、常见图、表绘制

在生活和工作中，常会遇到一些看似杂乱无章的数据，这些数据可能分布未知，这就需要借助直观的图形和表格的形式进行第一步的观察和判断。下面学习常见的图、表在 MATLAB 中的实现。

1. 散点图绘制

1) plot(x)

参数解释：当 x 为一向量时，以 x 元素的值为纵坐标，x 的序号为横坐标绘制曲线。当 x 为一实矩阵时，则以其序号为横坐标，按列绘制每列元素值相对于其序号的曲线。

2) plot(x,y)

参数解释：以 x 元素为横坐标，y 元素为纵坐标绘制曲线。

3) plot(x,y1,x,y2,…)

参数解释：以公共的 x 元素为横坐标，分别以 y1,y2,… 元素为纵坐标绘制曲线。

为在同一坐标系中，清晰区分不同元素图形，可在编码过程中，确定不同形式以示区别，表 4-1 所示为画图常见的使用格式。

画图常见的使用格式 表 4-1

颜色		线型		点样式	
符号	作用	符号	作用	符号	作用
y	黄	–	实线（默认样式）	.	点
m	紫			o	圆
c	青	:	点线	x	十字叉
r	红	–.	点画线	+	加号
g	绿	– –	虚线	h	六角形
b	蓝			*	星号
w	白			p	五角星
k	黑			s	正方形
				d	菱形

例如：plot(x,y1,'– –or',x,y2,':+y')表示，使用圆圈（表示坐标

点)和红色虚线来绘制以 x 为横坐标,y1 为纵坐标的曲线;使用加号(表示坐标点)和黄色点线来绘制以 x 为横坐标,y2 为纵坐标的曲线。

2. 频数表和直方图的绘制——hist 函数

在数据统计过程中,需直观地观察数据处于不同数段的频数,来初步分析其分布特征。可以在 MATLAB 中调用 hist 函数命令,来获得数据落在不同区间的频数并绘制其直方图。下面介绍 hist 函数的调用方法。

调用格式:

[N,X] = hist(Y,M)

功能说明:将数组 Y 的取值区间[min(Y),max(Y)]等分为 M 个子区间(缺省时为 10),并绘制数组 Y 的频数表。

参数解释:N——返回 M 个子区间的频数;X——返回 M 个子区间的中点。

例 4-4 学校随机抽取 40 名学生,测量他们的身高和体重,所得数据如表 4-2 所示。

例 4-4 表 表 4-2

序号	身高	体重	序号	身高	体重	序号	身高	体重	序号	身高	体重
1	172	75	11	169	55	21	169	64	31	171	65
2	171	62	12	168	67	22	165	52	32	169	62
3	166	62	13	168	65	23	164	59	33	170	58
4	160	55	14	175	67	24	173	74	34	172	64
5	155	57	15	176	64	25	172	69	35	169	58
6	173	58	16	168	50	26	169	52	36	167	72
7	166	55	17	161	49	27	173	57	37	175	76
8	170	63	18	169	63	28	173	61	38	164	59
9	167	47	19	165	64	29	176	57	39	158	51
10	168	65	20	168	57	30	170	57	40	165	62

解:利用 MATLAB 绘制出学生身高和体重的频数直方图。

代码如下:

```
height = (172 171 ... 165);        % 输入 40 名学生的身高数据
weight = (75 62 ... 62);           % 输入 40 名学生的体重数据
```

```
[n1,x1] = hist(height,5)          % 计算数据在各子区间的频数和区
                                    间中点
[n2,x2] = hist(weight,5)          % 计算数据在各子区间的频数和区
                                    间中点
subplot(1,2,1),hist(height),title('Height of Students')
                                  % 并排绘制第一个直方图
subplot(1,2,2),hist(weight),title('Weight of Students')
                                  % 并排绘制第二个直方图
```

输出结果：

```
n1 =
      2       2       9      16      11
x1 =
   157.1000  161.3000  165.5000  169.7000  173.9000
n2 =
      6      11      13       6       4
x2 =
    49.9000   55.7000   61.5000   67.3000   73.1000
```

频数直方图如图 4-2 所示。

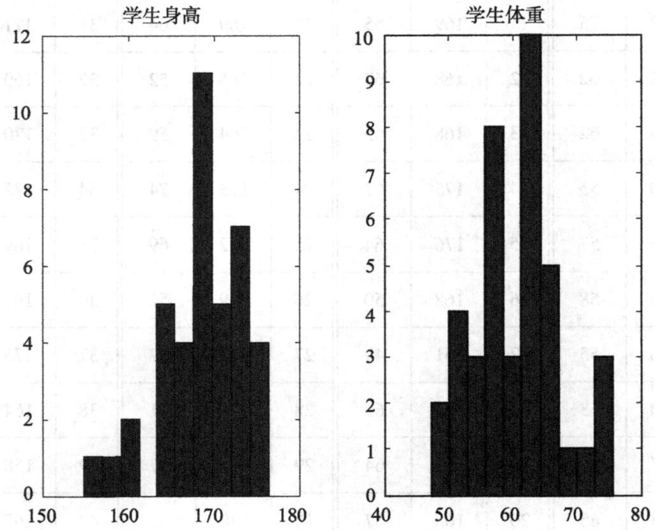

图 4-2　例 4-4 图

二、常用统计量表示

统计学关注数据的搜集、总结、表述和分析，这就需要用统计量来描述数据的数字特征。表 4-3 展示了 MATLAB 中统计量的常用函数。

MATLAB 中统计量的常用函数 表 4-3

函数名及调用格式	功能描述	备注
max(x,dim)	x 的最大值	(1)"dim"可不写。 (2)若 x 为一行数组,则输出数组的相应结果。 (3)当 x 为矩阵时,若 dim = 1 或省略,则按列计算结果;若 dim = 2,则按行计算结果
min(x,dim)	x 的最小值	
mean(x,dim)	x 的平均值	
median(x,dim)	x 的中位数	
mode(x,dim)	x 的众数	
std(x,flag,dim)	x 的标准差	(1)若 flag = 0,则公式除以 n - 1;若 flag = 1,则公式除以 n。 (2)若 x 是一行数组,则输出数组的相应结果
var(x,flag,dim)	x 的方差	当 x 是矩阵时,若 dim = 1 或省略,则按列计算结果;若 dim = 2,则按行计算结果
skewness(x)	x 的偏度	(1)若 x 是一行数组,则输出数组的相应结果。 (2)若 x 是矩阵,则按列计算结果
kurtosis(x)	x 的峰度	
sort(x,dim,mode)	将数组排序	(1)若 x 是一行数组,则输出数组的相应结果。 (2)当 x 是矩阵时,若 dim = 1 或省略,则按列计算结果;若 dim = 2,则按行计算结果。 (3)mode:ascend 表示升序;descend 表示降序
sum(x,dim)	数组元素求和	(1)若 x 是一行数组,则输出数组的相应结果。 (2)当 x 是矩阵时,若 dim = 1 或省略,则按列计算结果;若 dim = 2,则按行计算结果
prod(x,dim)	数组元素求积	
cumprod(x,dim)	数组元素求累计积	—
cov(X)	计算矩阵 X 的协方差	—
cov(X,Y)	计算矩阵 X,Y 的协方差	
corrcoef(X)	计算矩阵 X 的相关系数	—
corrcoef(X,Y)	计算矩阵 X,Y 的相关系数	
pactile(x,q)	计算 x 的 q% 上百分位数	—

三、案例应用

例 4-5(2019 年大学生数学建模竞赛 D 题变型) 空气污染对生态环境和人类健康危害巨大,通过对“两尘四气”($PM_{2.5}$、PM_{10}、CO、NO_2、SO_2、O_3)浓度的实时监测,可以及时掌握空气质量,对污染源采取相应措施。表 4-4 是某国家监测控制站点(国控点)对“两尘四气”在 2018 年 11 月 15 日 00:00—09:00 间的监测数据(每隔 1h 监测 1 次)。

例 4-5 表　　表 4-4

PM2.5	PM10	CO	NO_2	SO_2	O_3	时间
50	81	0.873	9	32	59	0:00
46	71	0.839	9	26	65	1:00
43	59	0.781	10	25	68	2:00
32	51	0.739	9	24	69	3:00
30	47	0.743	9	23	64	4:00
36	50	0.881	8	37	39	5:00
39	54	0.792	7	34	38	6:00
44	45	0.706	6	32	41	7:00
35	29	0.68	6	33	42	8:00
27	31	0.733	7	37	41	9:00

利用 MATLAB 软件,

(1)统计出该时段 PM2.5 的最值、均值、中位数、方差、标准差;

(2)统计出该时段 NO_2 和 SO_2 的协方差和相关系数。

解:(1)代码如下:

```
x = [50 46 43 32 30 36 39 44 35 27];
mean_x = mean(x)        % 计算数据的均值
max_x = max(x)          % 计算数据的最大值
min_x = min(x)          % 计算数据的最小值
median_x = median(x)    % 计算数据的中位数
var_x = var(x,1)        % 计算数据的方差,其中公式中使用 n = 10
std_x = std(x,1)        % 计算数据的标准差,其中公式中使用 n = 10
```

输出结果:

```
mean_x =
   38.2000
max_x =
    50
min_x =
    27
median_x =
   37.5000
var_x =
   50.3600
std_x =
    7.0965
```

由输出结果可知,该时段 PM2.5 的最大值为50、最小值为27、均值为38.2、中位数为37.5、方差为50.36、标准差为7.0965。

(2)代码如下:

```
x=[9 9 10 9 9 8 7 6 6 7];
y=[32 26 25 24 23 37 34 32 33 37];
cov(x.y)
corrcoef(x,y)
```

输出结果:

```
cov(x,y) =
   55.9556   -2.8444
    -2.8444   28.4556
corrcoef(x,y) =
    1.0000    -0.0713
   -0.0713    1.0000
```

由输出结果可知,NO_2 和 SO_2 的协方差为 -2.8444,相关系数为 -0.0713。

第三节　MATLAB 实现参数估计与假设检验

在许多统计推断的过程中,往往会涉及对某个假设的正确性作出“是与否”的判断。例如,某技术对通信信号传递的影响是否明显、某批建材质量是否符合要求、某教学手段对学生成绩影响是否显著。这类问题需利用假设检验的原理来解决。下面介绍与假设检验有关的 MATLAB 基本命令函数。

一、基本命令介绍

1. 参数估计

(1)正态总体的参数估计函数:

$$[\mu,\sigma,\mu1,\sigma1]=\text{normfit}(x,\alpha)$$

参数解释:x——样本;α——显著性水平(缺省时为 0.05);μ——总体均值的点估计;σ——总体标准差的点估计;μ1——总体均值的区间估计;σ1——总体标准差的区间估计。

注:若 x 为行向量,则返回数值;若 x 为矩阵,则按列计算,返回行向量。

(2)指数分布的均值点估计及区间估计:

$$[\text{muhat},\text{muci}]=\text{expfit}(x,\alpha)$$

参数解释:x——样本;α——显著性水平(缺省时为 0.05);muhat——点估计结果;muci——区间估计结果。

(3)泊松分布的参数 λ 的点估计及区间估计:

$$[\text{lambdahat},\text{lambdaci}]=\text{poissfit}(x,\alpha)$$

参数解释:x——样本;α——显著性水平(缺省时为 0.05);lambdahat——点估计结果;lambdaci——区间估计结果。

2. 单个正态总体的均值检验

已知正态总体方差下的均值检验——ztest 函数:

$$[h,p,ci]=\text{ztest}(x,\mu,\sigma,\alpha,\text{tail})$$

未知正态总体方差下的均值检验——ttest 函数:

$$[h,p,ci]=\text{ttest}(x,\mu,\alpha,\text{tail})$$

参数解释:x——样本数组;μ——总体均值 ;σ——总体标准差;α——显著性水平(缺省时为 0.05);tail = 0(可缺省)表示双边假设 $\mu=\mu_0$,tail = 1 表示单边假设 $\mu>\mu_0$,tail = −1 表示单边假设 $\mu<\mu_0$;h = 0 表示接受原假设,h = 1 表示拒绝原假设;p 表示在原假设成立的条件下,样本均值落在置信区间内的概率,此概率越小,原假设越值得怀疑,若 $p<\alpha$,则应拒绝原假设;ci 表示 μ_0 的置信区间。

3. 两个正态总体的均值检验

ttest2 函数:

$$[h,p,ci]=\text{ttest2}(x,y,\sigma,\alpha,\text{tail})$$

该检验用于检验总体方差相等(但数值未知)的两个样本的总体均

值是否相等。参数解释：x，y——来自两个独立正态总体的样本观测数组；tail＝0（可缺省）表示双边假设 $\mu_1=\mu_2$，tail＝1 表示单边假设 $\mu_1>\mu_2$，tail＝－1 表示单边假设 $\mu_1<\mu_2$；h＝0 表示接受原假设，h＝1 表示拒绝原假设；p 表示在原假设成立的条件下，样本均值落在置信区间内的概率；ci 表示样本观测值 x 的置信区间；其他同前所述。

二、案例应用

例 4-6 甲、乙两台机床加工同一种产品，从这两台机床加工的产品中，随机抽取若干样品来测定产品直径，具体数据如表 4-5 所示。

例 4-6 表 表 4-5

机床	样本数据									
甲机床	20.1	20.0	19.3	20.6	20.2	19.9	20.0	19.9	19.1	19.9
乙机床	18.6	19.1	20.0	20.0	20.0	19.7	19.9	19.6	20.2	

假设两台机床加工的产品直径分别服从正态分布 $N(\mu_1,\sigma^2)$，$N(\mu_2,\sigma^2)$，请比较甲、乙两台机床加工产品的直径是否有显著差异。

解：根据题目要求，两台机床加工产品的直径具有相同的方差，因此可选择 ttest2 函数检验两台机床生产产品的直径均值是否有显著差异。

原假设 $H_0:\mu_1=\mu_2$；备择假设 $H_1:\mu_1\neq\mu_2$

此为双侧检验，因此 tail＝0 或缺省。

下面编写 MATLAB 代码并观察，在显著性水平 $\alpha=0.05$ 下，是否接受原假设：

```
X = [20.1 20.0 19.3 20.6 20.2 19.9 20.0 19.9 19.1 19.9];
Y = [18.6 19.1 20.0 20.0 20.0 19.7 19.9 19.6 20.2];
[h,p,muci,stats] = ttest2(X,Y)
```

输出结果：

```
h =
  0
p =
  0.3191
muci =
    -0.2346      0.6791
stats =
  tstat: 1.0263
     df: 17
```

sd: 0.4713

若出现 $h = 1$ 或 $p \leq \alpha$, 则拒绝原假设。观察上述结果, $h = 0$ 且 $p > 0.05$。

因此,在显著性水平 0.05 下,接受原假设,即认为甲、乙两台机床加工产品的直径没有显著差异。

第四节 MATLAB 与一元线性回归分析

在客观世界中,普遍存在着变量之间的关系。而变量之间的关系一般可分为确定的和非确定的。确定性关系指变量之间的关系可以明确用函数关系来表达,非确定性关系就是相关关系。在中学阶段,已经学习过利用过最小二乘法对两个随机变量之间的线性相关关系进行估计,如某校学生的体重和身高的相关关系。本节将学习 MATLAB 中如何实现一元线性回归分析。

一、一元线性回归分析原理

两个随机变量 X, Y 的样本数据如表 4-6 所示。

随机变量 X, Y 的样本数据 表 4-6

X	x_1	x_2	…	x_n
Y	y_1	y_2	…	y_n

观察样本散点图(见图 4-3)。

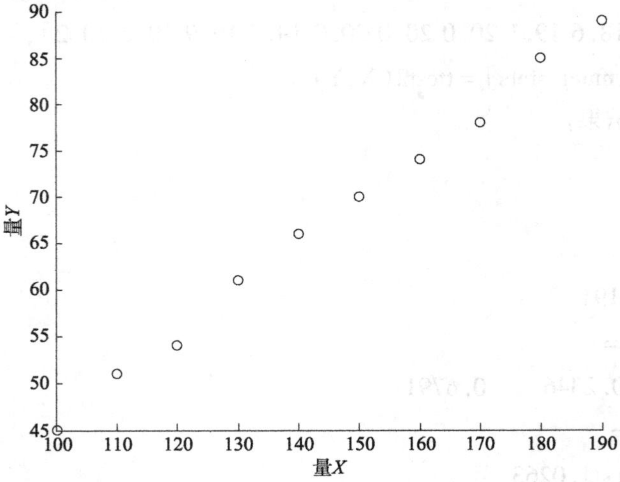

图 4-3 样本散点图

由图发现，X,Y 大致呈线性函数关系：$Y = a + bX$，使用最小二乘估计确定系数 a,b。

令 $Q(a,b) = \sum_{i=1}^{n} (y_i - a - bx_i)^2$，若需取得 $\min Q(a,b)$，则

$$b = \hat{b} = \frac{\sum_{i=1}^{n}(x_i - \bar{x})(y_i - \bar{y})}{\sum_{i=1}^{n}(x_i - \bar{x})}, a = \hat{a} = \bar{y} - \hat{b}\bar{x}$$

其中：$\bar{x} = \frac{1}{n}\sum_{i=1}^{n} x_i;\bar{y} = \frac{1}{n}\sum_{i=1}^{n} y_i$。

因此，$Y = \hat{a} + \hat{b}X$ 为 Y 关于 X 的线性回归方程，对应图形为线性回归直线。

二、利用 MATLAB 实现一元线性回归分析

一元线性回归模型一般包含如下基本假设：

(1) 独立性：X,Y 是相互独立的随机变量；

(2) 线性性：Y 的数学期望是 X 的线性函数；

(3) 齐次性：不同的 X,Y 的方差是常数；

(4) 正态性：给定的 X,Y 服从正态分布。

1. 一元线性回归模型

建立一元线性回归模型：

$$\begin{cases} Y = \beta_0 + \beta_1 X + \varepsilon \\ E(\varepsilon) = 0, D(\varepsilon) = \sigma^2 \end{cases}$$

其中：β_0 为回归常系数；β_1 为回归系数；$\varepsilon \sim N(0,\sigma^2)$ 为随机误差。

2. 回归参数的估计

根据最小二乘估计，当 $\beta_1 = \hat{\beta}_1 = \frac{\sum_{i=1}^{n}(x_i - \bar{x})(y_i - \bar{y})}{\sum_{i=1}^{n}(x_i - \bar{x})}, \beta_0 = \hat{\beta}_0 = \bar{y} - \hat{\beta}_1\bar{x}$ 时，一元线性回归模型为 $y = \hat{\beta}_0 + \hat{\beta}_1 x$。

随机误差 $\varepsilon = Y - \beta_0 + \beta_1 X \sim N(0,\sigma^2)$ 刻画了 $\hat{y}$ 与 Y 的误差水平，是最小二乘估计的无偏估计。

3. 回归方程的显著性检验

对于线性回归方程，只有当 $\beta_1 \neq 0$ 时有意义，因此假设检验可设为

$$H_0:\beta_1 = 0; H_1:\beta_1 \neq 0$$

显著性水平为 α。

若拒绝原假设而接受备择假设,则认为随机变量 X,Y 存在线性关系,否则不存在线性关系,线性回归方程没有意义。

关于检验,需从以下三个方面进行。

(1)回归系数的假设检验和区间估计。

回归系数的假设检验称为 **T 检验**。

若原假设 H_0 成立,则统计量:

$$T = \frac{\hat{\beta}_1}{\mathrm{std}(\hat{\beta}_1)} = \frac{\hat{\beta}_1\sqrt{S_{xx}}}{\hat{\sigma}} \sim t(n-2)$$

其中:$\mathrm{std}(\hat{\beta}_1)$ 为 $\hat{\beta}_1$ 的标准差。

因此,假设检验的拒绝域为 $|T| \geqslant t_{\alpha/2}(n-2)$ 。

其区间估计结果可在 MATLAB 的 regress 命令的调用结果中查看。

(2)回归方程的显著性检验。

回归方程的显著性检验称为 **F 检验**。

若原假设 H_0 成立,则统计量:

$$F = \frac{U}{Q/(n-2)} = \frac{\hat{\beta}_1^{\ 2}\sqrt{S_{xx}}}{\hat{\sigma}^2} \sim F(1,n-2)$$

假设检验的拒绝域为 $F \geqslant F_{\alpha}(1,n-2)$ 。

其结果可在 MATLAB 的 regress 命令的调用结果中查看。

(3)相关性检验。

相关性检验是检验随机变量是否存在线性相关性,一般用指标 $R^2 = \frac{S_{xy}^2}{S_{xx}S_{yy}}$ 来表示,称为**样本相关系数**,其结果越接近 1,拟合结果越好。

其结果在 MATLAB 的 regress 命令的调用结果中查看。

4. MATLAB 中利用 regress 命令解决线性回归问题

调用格式:

[b,bint,r,rint,stats] = regress(Y,X,α)

参数解释:Y,X——因变量、自变量数组;b——回归系数向量估计值,即 $(\hat{\beta}_0,\hat{\beta}_1)$;α——显著性水平,缺省时为 0.05;bint——回归系数的置信区间;r——残差;rint——置信区间;stats——用于检验回归模型的统计量,包含四个结果:第一个为 R^2 ;第二个为 F ;第三个为与 F 对应的概率 p ,若 $p < \alpha$,则拒绝原假设,模型成立;第四个是残差平方和 s^2 。

例 4-7 合金的强度 y (单位:kg/mm²)与其中的碳含量 x (单位:%)有比较密切的关系,现从生产中收集了一批样本数据,如表 4-7 所示。

例 4-7 表 表 4-7

x	0.10	0.11	0.12	0.13	0.14	0.15	0.16	0.17	0.18	0.20	0.22	0.24
y	42.0	42.5	45.0	45.5	45.0	47.5	49.0	51.0	50.0	55.0	57.5	59.5

请完成下述任务：

(1)利用 MATLAB 画出散点图,并观察图像特征；

(2)拟合一个函数 $y = f(x)$,并对结果进行假设检验。

解:令 X 为合金强度数据向量, Y 为对应碳含量数据向量。

(1)数据的图像观察。

利用 MATLAB 画出散点图进行观察,代码如下：

```
X=[0.10 0.11 0.12 0.13 0.14 0.15 0.16 0.17 0.18
0.20 0.22 0.24];
Y=[42.0 42.5 45.0 45.5 45.0 47.5 49.0 51.0 50.0
55.0 57.5 59.5];
plot(X,Y,'+')
xlabel('x'),ylabel('y')
```

绘制的图像如图 4-4 所示。

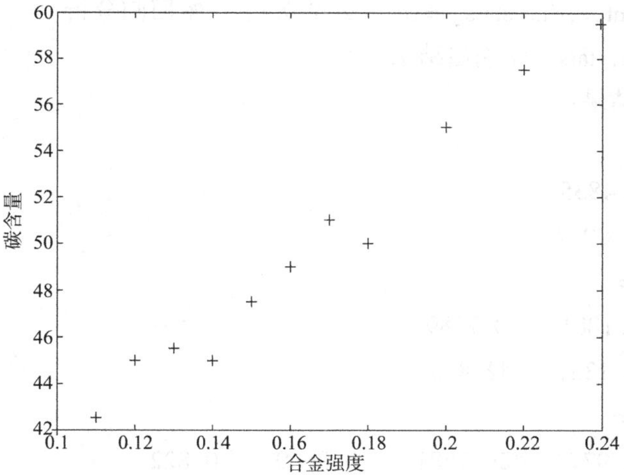

图 4-4 例 4-7 图

由散点图可看出,所有数据基本聚集在一条直线附近,因此可假设 Y,X 大致符合线性关系。

(2)模型假设。

①独立性：X,Y 是相互独立的随机变量；

②线性性：Y 的数学期望是 X 的线性函数；

③齐次性:不同的 X,Y 的方差是常数；

④正态性：给定的 X,Y 服从正态分布。

(3)模型建立。

设

$$\begin{cases} Y = \beta_0 + \beta_1 X + \varepsilon \\ E(\varepsilon) = 0, D(\varepsilon) = \sigma^2 \end{cases}$$

假设：

$$H_0:\beta_1 = 0; H_1:\beta_1 \neq 0$$

其中：显著性水平为 $\alpha = 0.05$。

利用 MATLAB 进行假设检验：在显著性水平 $\alpha = 0.05$ 下，是否接受原假设。代码如下：

```
X=[0.10  0.11  0.12  0.13  0.14  0.15  0.16  0.17  0.18
0.20  0.22  0.24];
Y=[42.0  42.5  45.0  45.5  45.0  47.5  49.0  51.0  50.0
55.0  57.5  59.5];
n=length(X);              %计算观测点个数
X1=X(:);Y=Y(:);  %把观测数据向量转为列向量
X=[ones(n,1),X1];  %构造系数矩阵
[b,bint,r,rint,stats]=regress(Y,X);    %回归分析
b,bint,stats   %输出结果
```

输出结果：

```
b =
   28.4835
  129.0094
bint =
   26.1881    30.7789
  115.1337   142.8851
stats =
     0.9772   429.1581     0.0000     0.822
```

(4)结果分析。

线性回归方程为：$\hat{y} = 28.4835 + 129.0094x$；

β_0,β_1 的置信区间分别是[26.1881,30.7789]，[115.1337,142.8851]；

$R^2 = 0.9772$，说明样本的线性相关系数接近1，线性相关性强；

$F = 429.1581$，$p < 0.05$，拒绝原假设，即认为线性回归模型成立；

$s^2 = 0.822$ 为残差平方和。

习　　题

一、选择题

1. 在 MATLAB 中，可以生成参数为 2 的泊松分布的 2×3 随机数字矩阵的命令为(　　)。

A. poissrnd(2,2,3)　　B. bionornd(2,2,3)

C. unifrnd(2,2,3)　　D. normrnd(2,2,3)

2. 已知 $X \sim N(1,4)$，则在 MATLAB 中，计算 $F(2)$ 的命令为(　　)。

A. poisscdf(2,1,2)　　B. bionocdf(2,1,2)

C. unifcdf(2,1,2))　　D. normcdf(2,1,2)

3. 在 MATLAB 中，可以调用中位数的命令是(　　)。

A. max(x,dim)　　B. mean(x,dim)

C. mode(x,dim)　　D. std(x,flag,dim)

4. 若需要在 MATLAB 中，使用圆圈表示坐标点和红色虚线来绘制以 x 为横坐标，y 纵坐标的图像，则应调用(　　)。

A. plot(x,y,'--or')　　B. plot(x,y,'+or')

C. plot(x,y,'*or')　　D. plot(x,y,'--yr')

二、填空题

1. 请写出 MATLAB 中生成参数为 2 的指数分布的 2×3 随机矩阵矩阵命令：________。

2. 已知 x 为总体的一个简单随机抽样组成的 1×10 数组，写出利用 MATLAB 计算其样本方差的命令：________。

3. 已知 x,y 分别为总体 X,Y 的一组观测值($1 \times n$ 数组形式)，写出利用 MATLAB 求出 Y 关于 X 的线性回归方程的命令：________。

4. MATLAB 中，可以用于单个正态总体均值检验的命令是________。

三、计算题

1. 现累计有 50 次刀具故障记录，当故障出现时，该批刀具完成的零件数如下：

459	362	624	542	509	584	433	748	815	505
612	452	434	982	640	763	565	706	593	680
926	653	164	487	734	608	428	1153	593	844
527	552	513	781	474	388	824	538	862	659
775	859	755	49	697	515	628	954	771	609

请：

(1)画出样本的直方图；

(2)观察直方图，判断样本分布近似服从何种常见分布，并进行点估计和区间估计。

2. 某车间用一台包装机包装糖果，包得袋装糖果的质量是一个随机变量，它服从正态分布。当机器正常时，袋装糖果的质量均值为0.5kg，标准差为0.015kg。某日开工后为检验包装机是否正常，随机地抽取它所包装的9袋糖果，称得净重(单位：kg)为

0.497，0.506，0.518，0.524，0.498，0.511，0.520，0.515，0.512

请通过建立模型，并利用MATLAB运行结果，判断机器是否工作正常。

3. 某种电子元件的寿命x(单位：h)服从正态分布，μ，σ均未知。现得16只元件的寿命如下：

159，280，101，212，224，379，179，264，222，362，168，250，149，260，485，170

请建立假设检验，并利用MATLAB运行结果，判断是否有理由认为该元件的平均寿命大于225h。

4. 例4-7中，存在一个奇异数据，请找出该奇异值，并重新建立线性回归模型，独立撰写一篇数学建模实践小论文。

总 复 习 题

一、选择题

1. 抛掷两枚均匀骰子,"至少出现一次 6 点"的概率是(　　)。

A. $\frac{1}{6}$　　B. $\frac{11}{36}$　　C. $\frac{1}{3}$　　D. $\frac{1}{2}$

2. 已知一个家庭有两个孩子,且至少有一个是女孩,则另一个孩子也是女孩的概率是(　　)。

A. $\frac{1}{2}$　　B. $\frac{1}{3}$　　C. $\frac{1}{4}$　　D. $\frac{2}{3}$

3. 某疾病的患病率为 1%,检测准确率为 95%(即 5% 假阳性)。若某人检测为阳性,则他实际患病的概率约为(　　)。

A. 16.8%　　B. 95%　　C. 5%　　D. 1%

4. 某城市下雨的概率为 30%,明天下雨或后天下雨的概率为 50%。若两天是否下雨独立,则这两天至少有一天下雨的概率是(　　)。

A. 65%　　B. 45%　　C. 51%　　D. 80%

5. 甲、乙、丙、丁四人排队,甲不在队首的概率是(　　)。

A. $\frac{1}{4}$　　B. $\frac{2}{3}$　　C. $\frac{1}{2}$　　D. $\frac{3}{4}$

6. 某服从二项分布的随机变量 X 的数学期望 $E(X)=6$,方差 $D(X)=4.2$,则其参数 n 和 p 为(　　)。

A. $n=10, p=0.6$　　B. $n=12, p=0.5$

C. $n=15, p=0.4$　　D. $n=20, p=0.3$

7. 离散型随机变量 X 的概率分布为 $P\{X=0\}=0.3, P\{X=1\}=0.5, P\{X=2\}=0.2$,则 $E(X^2)=$(　　)。

A. 0.5　　B. 0.7　　C. 1　　D. 1.3

8. 某电话总机每分钟接到的呼叫次数服从参数 $\lambda=3$ 的泊松分布,则 1min 内恰好接到 2 次呼叫的概率为(　　)。

A. $e^{-3}\cdot\frac{3^2}{2!}$　　B. $e^{-3}\cdot\frac{3^2}{3!}$　　C. $e^{-2}\cdot\frac{3^2}{2!}$　　D. $e^{-3}\cdot\frac{2^2}{3!}$

9. 设总体均值 μ 的置信水平为 95% 的置信区间为 [12.5,18.3],则下列说法正确的是(　　)。

A. μ 有 95% 的概率落在此区间内

B. 重复抽样时,约 95% 的样本均值会落在此区间内

C. 重复抽样时,约 95% 的类似区间会包含 μ

D. 区间宽度由样本均值决定

10. 样本方差 $S^2 = \frac{1}{n-1}\sum_{i=1}^{n}(X_i - \overline{X})^2$ 是总体方差 σ^2 的(　　)。

A. 有偏估计　　B. 无偏估计

C. 极大似然估计　　D. 有效估计

二、填空题

1. 设事件 A 与事件 B 互斥,且 $P(A) = 0.3, P(B) = 0.5$, 则 $P(A + B) =$ ________。

2. 已知 $P(A) = 0.6, P(B \mid A) = 0.4$, 则 $P(AB) =$ ________。

3. 若事件 A 与事件 B 独立,且 $P(A) = 0.5, P(B) = 0.4$,则 $P(AB) =$ ________。

4. 袋中有 3 个红球和 2 个白球,无放回地抽取 2 次,2 次都抽到红球的概率为________。

5. 设随机变量 X 服从参数为 $\lambda = 2$ 的泊松分布,则 $P\{X = 3\} =$ ________(用指数函数表示)。

6. 若 $X \sim N(0,1)$,则 $P\{X \leqslant 1.96\} \approx$ ________(保留两位小数)。

7. 在 t 分布中,当自由度趋近于无穷大时,t 分布趋近于________分布。

8. 若总体方差 σ^2 未知,用样本方差 S^2 代替构造的置信区间服从________分布。

9. 设 X 和 Y 独立同分布于 $N(0,1)$,则 $X + Y \sim$ ________。

10. 若 $X \sim B(n,p)$,$Y = n - X$,则 $Y \sim$ ________。

三、计算题

1. 某射手每次射击命中目标的概率为 0.8,连续射击 3 次,求:

(1)恰好命中 2 次的概率;

(2)至少命中 1 次的概率。

2. 盒中共有 5 个除颜色外其余均一样的 5 个球,其中有 3 个红球和 2 个白球,从中不放回地取 2 个球,求第二次取到红球的概率。

3. 某工厂有甲、乙两条生产线,甲生产 60% 的产品,乙生产 40% 的产品。甲生产产品的次品率为 2%,乙为 3%。

(1)随机抽取一件产品,求它是次品的概率;

(2)若抽到次品,求它来自甲生产线的概率。

4. 已知事件 A 与事件 B 满足 $P(A) = 0.6, P(B) = 0.5$, 且 $P(A + B) = 0.8$ 。

(1)判断 A 与 B 是否独立;

(2) 求 $P(A \mid B)$。

5. 已知某射手的命中率为 0.8,现进行 5 次独立射击,设 X 为命中次数,求:

(1) X 的分布律;

(2) $E(X)$ 和 $D(X)$。

6. 某电子元件的寿命(单位:h)服从参数 $\lambda = 0.001$ 的指数分布,求该元件寿命超过 1200h 的概率。

7. 从正态总体 $N(\mu, 25)$ 中抽取容量为 16 的样本,测得样本均值 $\bar{x} = 50$,求 μ 的置信水平为 95% 的置信区间。

8. 某生产线包装质量标称为 500g,标准差为 10g。现抽取 25 袋,测得平均质量为 495g,检验均值是否显著小于 500g($\alpha = 0.05$)。

9. 设随机变量 X 与 Y 的协方差 $\mathrm{Cov}(X,Y) = 4$,方差 $D(X) = 9$, $D(Y) = 16$,求相关系数 ρ_{XY}。

10. 设总体 X 服从参数为 λ 的指数分布,概率密度函数为 $f(x;\lambda) = \lambda e^{-\lambda x}(x \geqslant 0)$,从该总体中抽取样本 $X_1, X_2, \cdots, X_n$,求 λ 的极大似然估计量。

习题答案

第一章

一、1. B;2. D;3. A;4. C;5. B;6. C。

二、1. $\frac{3}{5}$;2. $\frac{m}{n+m-1}$;3. $\frac{1}{3}$;4. 0.76。

三、1. (1)0.512;(2)0.384;(3)0.992。

2. (1)0.42;(2)0.46;(3)0.88。

3. (1)0.5;(2)0.5。

4. $p=\frac{V_{球}}{V_{正方体}}=\frac{\frac{4}{3}\pi 1^3}{2^3}=\frac{\pi}{6}$。

5. 解:甲抽到选择题为事件 A,乙抽到填空题为事件 B,$P(A)=\frac{3}{5}$,$P(AB)=\frac{4}{15}$,

$P(B\mid A)=\frac{\frac{4}{15}}{\frac{3}{5}}=\frac{4}{9}$。

第二章

一、1. C;2. C;3. C;4. A。

二、1. 2;2. $\frac{19}{27}$;3. 3;4. 7;100。

三、1. 解:$P\{X=k\}=p(1-p)^{k-1}(k=1,2,\cdots)$。

2. 解:$F(x)=\begin{cases}\frac{x^2}{2} & (0\leqslant x<1)\\ -\frac{x^2}{2}+2x-1 & (1\leqslant x<2)\\ 1 & (x\geqslant 2)\end{cases}$。

3. 解:$e^{-\frac{3}{2}}$。

4. 解:$E(X)=-0.2$,$E(3X+5)=4.4$。

5. 解：$f_X(x)=\begin{cases}x+\dfrac{1}{2} & (0<x<1)\\0 & 其他\end{cases}$，$f_Y(y)=\begin{cases}y+\dfrac{1}{2} & (0<y<1)\\0 & 其他\end{cases}$，$X$ 和 Y 不独立。

6. 解：$E(X)=\dfrac{2}{3}$，$E(Y)=0$，$\mathrm{Cov}(X,Y)=0$。

第三章

一、1. B；2. D；3. C；4. A。

二、1. 3.252，0.00017；2. $\dfrac{1}{6}$；3. (5.87，8.73)；4. 10.04，0.7185。

三、1. 解：$\mu=74.002$，$\sigma^2=6\times10^{-8}$，$s^2=6.86\times10^{-6}$。

2. 解：(1)(5.608，6.392)；(2)(5.558，6.442)。

3. 解：$X\sim N(\mu,\sigma^2)$，μ,σ^2 均未知，在显著性水平 $\alpha=0.01$ 下 $H_0:\mu=3.25$；$H_1:\mu\neq3.25$，计算 t 统计量：$t=\dfrac{\bar{x}-\mu_0}{s/\sqrt{n}}=\dfrac{3.252-3.25}{0.01304/\sqrt{5}}\approx0.343<t_{\alpha/2}(4)=4.604$，所以在显著性水平 $\alpha=0.01$ 下接受原假设，这批矿砂的镍含量的均值为 3.25。

4. 解：$t=\dfrac{\bar{x}_1-\bar{x}_2}{\sqrt{s_0^2\left(\dfrac{1}{n_1}+\dfrac{1}{n_2}\right)}}=\dfrac{0.14125-0.139}{\sqrt{0.00000746\cdot0.5}}\approx1.166<t_{\alpha/2}(6)=2.447$，所以接受 H_0。即在显著性水平 $\alpha=0.05$ 下，两批导线无差异。

5. 解：检验假设 $H_0:\mu<\mu_0=10$；$H_1:\mu>10$。

$\bar{x}=10.2$，$s\approx0.5099$，拒绝域 $W=\left\{\dfrac{\bar{x}-\mu_0}{s/\sqrt{n}}>t_\alpha(n-1)\right\}$，计算得 $\dfrac{\bar{x}-\mu_0}{s/\sqrt{n}}\approx1.7541$，查表得 $t_{0.05}(19)=1.7291<1.7541$，故接受 H_0，即可以不认为装配时间的均值显著大于 10。

第四章

一、1. A；2. D；3. B；4. A。

二、1. exprnd(2,2,3)；2. var(x,0)；3. regress(y,x)；4. [h,p,ci] = ztest(x,μ,σ,α,tail)。

三、略。

总复习题答案

一、1. B;2. B;3. A;4. C;5. D;6. D;7. D;8. A;9. C;10. B。

二、1. 0.8;2. 0.24;3. 0.2;4. 0.3;5. $e^{-2}\cdot\frac{2^3}{3!}$;6. 0.975;7. 标准正态;8. t;9. $N(0,2)$;10. $B(n,1-p)$。

三、1. 解:(1)0.384;(2)0.992。

2. 解:$p=\frac{3}{5}$。

3. 解:(1)$p=0.6\times0.02+0.4\times0.03=0.024$;

(2)$p=\frac{0.6\times0.02}{0.024}=0.5$。

4. 解:(1)独立;(2)$P(A\mid B)=\frac{0.3}{0.5}=0.6$。

5. 解:(1)$X\sim B(5,0.8)$,$P\{X=k\}=C_5^k0.8^k0.2^{5-k}(k=0,1,\cdots,5)$;

(2)$E(X)=4$,$D(X)=0.8$。

6. 解:$P\{X>1200\}=e^{-\lambda x}=e^{-1.2}\approx0.3012$。

7. 解:[47.55,52,45]。

8. 解:$Z=\frac{\bar{x}-\mu}{\sigma/\sqrt{n}}=-2.5<-z_{0.05}=-1.645$,所以均值显著小于500g。

9. 解:$\frac{1}{3}$。

10. 解:$\frac{1}{\bar{x}}$。

附　　表

附表 1　泊松分布表

$$P\{X=k\}=\frac{\lambda^k e^{-\lambda}}{k!},k=0,1,2,\cdots$$

$\lambda = 0.1 \sim 1$										
k	0.1	0.2	0.3	0.4	0.5	0.6	0.7	0.8	0.9	1
0	0.90484	0.81873	0.74082	0.67032	0.60653	0.54881	0.49659	0.44933	0.40657	0.36788
1	0.09048	0.16375	0.22225	0.26813	0.30327	0.32929	0.34761	0.35946	0.36591	0.36788
2	0.00452	0.01637	0.03334	0.05363	0.07582	0.09879	0.12166	0.14379	0.16466	0.18394
3	0.00015	0.00109	0.00333	0.00715	0.01264	0.01976	0.02839	0.03834	0.04940	0.06131
4	0.00000	0.00005	0.00025	0.00072	0.00158	0.00296	0.00497	0.00767	0.01111	0.01533
5	0.00000	0.00000	0.00002	0.00006	0.00016	0.00036	0.00070	0.00123	0.00200	0.00307
6	0.00000	0.00000	0.00000	0.00000	0.00001	0.00004	0.00008	0.00016	0.00030	0.00051
7	0.00000	0.00000	0.00000	0.00000	0.00000	0.00000	0.00001	0.00002	0.00004	0.00007
8	0.00000	0.00000	0.00000	0.00000	0.00000	0.00000	0.00000	0.00000	0.00000	0.00001
$\lambda = 1.5 \sim 6$										
k	1.5	2	2.5	3	3.5	4	4.5	5	5.5	6
0	0.22313	0.13534	0.08208	0.04979	0.03020	0.01832	0.01111	0.00674	0.00409	0.00248
1	0.33470	0.27067	0.20521	0.14936	0.10569	0.07326	0.04999	0.03369	0.02248	0.01487
2	0.25102	0.27067	0.25652	0.22404	0.18496	0.14653	0.11248	0.08422	0.06181	0.04462

续上表

$\lambda = 1.5 \sim 6$										
k	1.5	2	2.5	3	3.5	4	4.5	5	5.5	6
3	0.12551	0.18045	0.21376	0.22404	0.21579	0.19537	0.16872	0.14037	0.11332	0.08924
4	0.04707	0.09022	0.13360	0.16803	0.18881	0.19537	0.18981	0.17547	0.15582	0.13385
5	0.01412	0.03609	0.06680	0.10082	0.13217	0.15629	0.17083	0.17547	0.17140	0.16062
6	0.00353	0.01203	0.02783	0.05041	0.07710	0.10420	0.12812	0.14622	0.15712	0.16062
7	0.00076	0.00344	0.00994	0.02160	0.03855	0.05954	0.08236	0.10444	0.12345	0.13768
8	0.00014	0.00086	0.00311	0.00810	0.01687	0.02977	0.04633	0.06528	0.08487	0.10326
9	0.00002	0.00019	0.00086	0.00270	0.00656	0.01323	0.02316	0.03627	0.05187	0.06884
10	0.00000	0.00004	0.00022	0.00081	0.00230	0.00529	0.01042	0.01813	0.02853	0.04130
11	0.00000	0.00001	0.00005	0.00022	0.00073	0.00192	0.00426	0.00824	0.01426	0.02253
12	0.00000	0.00000	0.00001	0.00006	0.00021	0.00064	0.00160	0.00343	0.00654	0.01126
13	0.00000	0.00000	0.00000	0.00001	0.00006	0.00020	0.00055	0.00132	0.00277	0.00520
14	0.00000	0.00000	0.00000	0.00000	0.00001	0.00006	0.00018	0.00047	0.00109	0.00223
15	0.00000	0.00000	0.00000	0.00000	0.00000	0.00002	0.00005	0.00016	0.00040	0.00089
16	0.00000	0.00000	0.00000	0.00000	0.00000	0.00000	0.00002	0.00005	0.00014	0.00033
17	0.00000	0.00000	0.00000	0.00000	0.00000	0.00000	0.00000	0.00001	0.00004	0.00012
18	0.00000	0.00000	0.00000	0.00000	0.00000	0.00000	0.00000	0.00000	0.00001	0.00004
19	0.00000	0.00000	0.00000	0.00000	0.00000	0.00000	0.00000	0.00000	0.00000	0.00001
$\lambda = 6.5 \sim 12$										
k	6.5	7	7.5	8	8.5	9	9.5	10	11	12
0	0.00150	0.00091	0.00055	0.00034	0.00020	0.00012	0.00007	0.00005	0.00002	0.00001
1	0.00977	0.00638	0.00415	0.00268	0.00173	0.00111	0.00071	0.00045	0.00018	0.00007
2	0.03176	0.02234	0.01556	0.01073	0.00735	0.00500	0.00338	0.00227	0.00101	0.00044
3	0.06881	0.05213	0.03889	0.02863	0.02083	0.01499	0.01070	0.00757	0.00370	0.00177

续上表

λ - 6.5 ~ 12										
k	6.5	7	7.5	8	8.5	9	9.5	10	11	12
4	0.11182	0.09123	0.07292	0.05725	0.04425	0.03374	0.02540	0.01892	0.01019	0.00531
5	0.14537	0.12772	0.10937	0.09160	0.07523	0.06073	0.04827	0.03783	0.02242	0.01274
6	0.15748	0.14900	0.13672	0.12214	0.10658	0.09109	0.07642	0.06306	0.04109	0.02548
7	0.14623	0.14900	0.14648	0.13959	0.12942	0.11712	0.10371	0.09008	0.06458	0.04368
8	0.11882	0.13038	0.13733	0.13959	0.13751	0.13176	0.12316	0.11260	0.08879	0.06552
9	0.08581	0.10140	0.11444	0.12408	0.12987	0.13176	0.13000	0.12511	0.10853	0.08736
10	0.05578	0.07098	0.08583	0.09926	0.11039	0.11858	0.12350	0.12511	0.11938	0.10484
11	0.03296	0.04517	0.05852	0.07219	0.08530	0.09702	0.10666	0.11374	0.11938	0.11437
12	0.01785	0.02635	0.03658	0.04813	0.06042	0.07277	0.08444	0.09478	0.10943	0.11437
13	0.00893	0.01419	0.02110	0.02962	0.03951	0.05038	0.06171	0.07291	0.09259	0.10557
14	0.00414	0.00709	0.01130	0.01692	0.02399	0.03238	0.04187	0.05208	0.07275	0.09049
15	0.00180	0.00331	0.00565	0.00903	0.01359	0.01943	0.02652	0.03472	0.05335	0.07239
16	0.00073	0.00145	0.00265	0.00451	0.00722	0.01093	0.01575	0.02170	0.03668	0.05429
17	0.00028	0.00060	0.00117	0.00212	0.00361	0.00579	0.00880	0.01276	0.02373	0.03832
18	0.00010	0.00023	0.00049	0.00094	0.00170	0.00289	0.00464	0.00709	0.01450	0.02555
19	0.00003	0.00009	0.00019	0.00040	0.00076	0.00137	0.00232	0.00373	0.00840	0.01614
20	0.00001	0.00003	0.00007	0.00016	0.00032	0.00062	0.00110	0.00187	0.00462	0.00968
21	0.00000	0.00001	0.00003	0.00006	0.00013	0.00026	0.00050	0.00089	0.00242	0.00553
22	0.00000	0.00000	0.00001	0.00002	0.00005	0.00011	0.00022	0.00040	0.00121	0.00302
23	0.00000	0.00000	0.00000	0.00001	0.00002	0.00004	0.00009	0.00018	0.00058	0.00157
24	0.00000	0.00000	0.00000	0.00000	0.00001	0.00002	0.00004	0.00007	0.00027	0.00079
25	0.00000	0.00000	0.00000	0.00000	0.00000	0.00001	0.00001	0.00003	0.00012	0.00038

续上表

$\lambda = 6.5 \sim 12$										
k	6.5	7	7.5	8	8.5	9	9.5	10	11	12
26	0.00000	0.00000	0.00000	0.00000	0.00000	0.00000	0.00000	0.00001	0.00005	0.00017
27	0.00000	0.00000	0.00000	0.00000	0.00000	0.00000	0.00000	0.00000	0.00002	0.00008
28	0.00000	0.00000	0.00000	0.00000	0.00000	0.00000	0.00000	0.00000	0.00001	0.00003
29	0.00000	0.00000	0.00000	0.00000	0.00000	0.00000	0.00000	0.00000	0.00000	0.00001
$\lambda = 13 \sim 40$										
k	13	14	15	16	17	18	19	20	30	40
0	0.00000	0.00000	0.00000	0.00000	0.00000	0.00000	0.00000	0.00000	0.00000	0.00000
1	0.00003	0.00001	0.00000	0.00000	0.00000	0.00000	0.00000	0.00000	0.00000	0.00000
2	0.00019	0.00008	0.00003	0.00001	0.00001	0.00000	0.00000	0.00000	0.00000	0.00000
3	0.00083	0.00038	0.00017	0.00008	0.00003	0.00001	0.00001	0.00000	0.00000	0.00000
4	0.00269	0.00133	0.00065	0.00031	0.00014	0.00007	0.00003	0.00001	0.00000	0.00000
5	0.00699	0.00373	0.00194	0.00098	0.00049	0.00024	0.00012	0.00005	0.00000	0.00000
6	0.01515	0.00870	0.00484	0.00262	0.00139	0.00072	0.00037	0.00018	0.00000	0.00000
7	0.02814	0.01739	0.01037	0.00599	0.00337	0.00185	0.00099	0.00052	0.00000	0.00000
8	0.04573	0.03044	0.01944	0.01199	0.00716	0.00416	0.00236	0.00131	0.00000	0.00000
9	0.06605	0.04734	0.03241	0.02131	0.01353	0.00833	0.00498	0.00291	0.00001	0.00000
10	0.08587	0.06628	0.04861	0.03410	0.02300	0.01499	0.00947	0.00582	0.00002	0.00000
11	0.10148	0.08436	0.06629	0.04960	0.03554	0.02452	0.01635	0.01058	0.00004	0.00000
12	0.10994	0.09842	0.08286	0.06613	0.05036	0.03678	0.02589	0.01763	0.00010	0.00000
13	0.10994	0.10599	0.09561	0.08139	0.06585	0.05093	0.03784	0.02712	0.00024	0.00000
14	0.10209	0.10599	0.10244	0.09302	0.07996	0.06548	0.05135	0.03874	0.00051	0.00000
15	0.08848	0.09892	0.10244	0.09922	0.09062	0.07858	0.06504	0.05165	0.00103	0.00000

续上表

	$\lambda = 13 \sim 40$									
k	13	14	15	16	17	18	19	20	30	40
16	0.07189	0.08656	0.09603	0.09922	0.09628	0.08840	0.07724	0.06456	0.00193	0.00001
17	0.05497	0.07128	0.08474	0.09338	0.09628	0.09360	0.08633	0.07595	0.00340	0.00002
18	0.03970	0.05544	0.07061	0.08301	0.09094	0.09360	0.09112	0.08439	0.00566	0.00005
19	0.02716	0.04085	0.05575	0.06990	0.08136	0.08867	0.09112	0.08884	0.00894	0.00010
20	0.01766	0.02860	0.04181	0.05592	0.06916	0.07980	0.08657	0.08884	0.01341	0.00019
21	0.01093	0.01906	0.02986	0.04261	0.05599	0.06840	0.07832	0.08461	0.01916	0.00037
22	0.00646	0.01213	0.02036	0.03099	0.04326	0.05597	0.06764	0.07691	0.02613	0.00066
23	0.00365	0.00738	0.01328	0.02156	0.03198	0.04380	0.05588	0.06688	0.03408	0.00116
24	0.00198	0.00431	0.00830	0.01437	0.02265	0.03285	0.04424	0.05573	0.04260	0.00193
25	0.00103	0.00241	0.00498	0.00920	0.01540	0.02365	0.03362	0.04459	0.05112	0.00308
26	0.00051	0.00130	0.00287	0.00566	0.01007	0.01637	0.02457	0.03430	0.05898	0.00474
27	0.00025	0.00067	0.00160	0.00335	0.00634	0.01092	0.01729	0.02541	0.06553	0.00703
28	0.00011	0.00034	0.00086	0.00192	0.00385	0.00702	0.01173	0.01815	0.07021	0.01004
29	0.00005	0.00016	0.00044	0.00106	0.00226	0.00436	0.00769	0.01252	0.07263	0.01385
30	0.00002	0.00008	0.00022	0.00056	0.00128	0.00261	0.00487	0.00834	0.07263	0.01847
31	0.00001	0.00003	0.00011	0.00029	0.00070	0.00152	0.00298	0.00538	0.07029	0.02383
32	0.00000	0.00001	0.00005	0.00015	0.00037	0.00085	0.00177	0.00336	0.06590	0.02978
33	0.00000	0.00001	0.00002	0.00007	0.00019	0.00047	0.00102	0.00204	0.05991	0.03610
34	0.00000	0.00000	0.00001	0.00003	0.00010	0.00025	0.00057	0.00120	0.05286	0.04247
35	0.00000	0.00000	0.00000	0.00002	0.00005	0.00013	0.00031	0.00069	0.04531	0.04854

续上表

	λ = 13 ~ 40									
k	13	14	15	16	17	18	19	20	30	40
36	0.00000	0.00000	0.00000	0.00001	0.00002	0.00006	0.00016	0.00038	0.03776	0.05393
37	0.00000	0.00000	0.00000	0.00000	0.00001	0.00003	0.00008	0.00021	0.03061	0.05830
38	0.00000	0.00000	0.00000	0.00000	0.00000	0.00001	0.00004	0.00011	0.02417	0.06137
39	0.00000	0.00000	0.00000	0.00000	0.00000	0.00001	0.00002	0.00006	0.01859	0.06295
40	0.00000	0.00000	0.00000	0.00000	0.00000	0.00000	0.00001	0.00003	0.01394	0.06295
41	0.00000	0.00000	0.00000	0.00000	0.00000	0.00000	0.00000	0.00001	0.01020	0.06141

附表 2　标准正态分布表

$$\Phi(x) = \frac{1}{\sqrt{2\pi}}\int_{-\infty}^{x} e^{-\frac{t^2}{2}}\,dt$$

x	0	0.01	0.02	0.03	0.04	0.05	0.06	0.07	0.08	0.09
0	0.5000	0.5040	0.5080	0.5120	0.5160	0.5199	0.5239	0.5279	0.5319	0.5359
0.1	0.5398	0.5438	0.5478	0.5517	0.5557	0.5596	0.5636	0.5675	0.5714	0.5753
0.2	0.5793	0.5832	0.5871	0.5910	0.5948	0.5987	0.6026	0.6064	0.6103	0.6141
0.3	0.6179	0.6217	0.6255	0.6293	0.6331	0.6368	0.6404	0.6443	0.6480	0.6517
0.4	0.6554	0.6591	0.6628	0.6664	0.6700	0.6736	0.6772	0.6808	0.6844	0.6879
0.5	0.6915	0.6950	0.6985	0.7019	0.7054	0.7088	0.7123	0.7157	0.7190	0.7224
0.6	0.7257	0.7291	0.7324	0.7357	0.7389	0.7422	0.7454	0.7486	0.7517	0.7549
0.7	0.7580	0.7611	0.7642	0.7673	0.7703	0.7734	0.7764	0.7794	0.7823	0.7852
0.8	0.7881	0.7910	0.7939	0.7967	0.7995	0.8023	0.8051	0.8078	0.8106	0.8133
0.9	0.8159	0.8186	0.8212	0.8238	0.8264	0.8289	0.8355	0.8340	0.8365	0.8389
1	0.8413	0.8438	0.8461	0.8485	0.8508	0.8531	0.8554	0.8577	0.8599	0.8621
1.1	0.8643	0.8665	0.8686	0.8708	0.8729	0.8749	0.8770	0.8790	0.8810	0.8830
1.2	0.8849	0.8869	0.8888	0.8907	0.8925	0.8944	0.8962	0.8980	0.8997	0.9015
1.3	0.9032	0.9049	0.9066	0.9082	0.9099	0.9115	0.9131	0.9147	0.9162	0.9177
1.4	0.9192	0.9207	0.9222	0.9236	0.9251	0.9265	0.9279	0.9292	0.9306	0.9319
1.5	0.9332	0.9345	0.9357	0.9370	0.9382	0.9394	0.9406	0.9418	0.9430	0.9441
1.6	0.9452	0.9463	0.9474	0.9484	0.9495	0.9505	0.9515	0.9525	0.9535	0.9535
1.7	0.9554	0.9564	0.9573	0.9582	0.9591	0.9599	0.9608	0.9616	0.9625	0.9633
1.8	0.9641	0.9648	0.9656	0.9664	0.9672	0.9678	0.9686	0.9693	0.9700	0.9706
1.9	0.9713	0.9719	0.9726	0.9732	0.9738	0.9744	0.9750	0.9756	0.9762	0.9767

续上表

x	0	0.01	0.02	0.03	0.04	0.05	0.06	0.07	0.08	0.09
2	0.9772	0.9778	0.9783	0.9788	0.9793	0.9798	0.9803	0.9808	0.9812	0.9817
2.1	0.9821	0.9826	0.9830	0.9834	0.9838	0.9842	0.9846	0.9850	0.9854	0.9857
2.2	0.9861	0.9864	0.9868	0.9871	0.9874	0.9878	0.9881	0.9884	0.9887	0.9890
2.3	0.9893	0.9896	0.9898	0.9901	0.9904	0.9906	0.9909	0.9911	0.9913	0.9916
2.4	0.9918	0.9920	0.9922	0.9925	0.9927	0.9929	0.9931	0.9932	0.9934	0.9936
2.5	0.9938	0.9940	0.9941	0.9943	0.9945	0.9946	0.9948	0.9949	0.9951	0.9952
2.6	0.9953	0.9955	0.9956	0.9957	0.9959	0.9960	0.9961	0.9962	0.9963	0.9964
2.7	0.9965	0.9966	0.9967	0.9968	0.9969	0.9970	0.9971	0.9972	0.9973	0.9974
2.8	0.9974	0.9975	0.9976	0.9977	0.9977	0.9978	0.9979	0.9979	0.9980	0.9981
2.9	0.9981	0.9982	0.9982	0.9983	0.9984	0.9984	0.9985	0.9985	0.9986	0.9986
3	0.9987	0.9990	0.9993	0.9995	0.9997	0.9998	0.9998	0.9999	0.9999	1.0000

附表3 χ^2 分布表

$$P\{\chi^2(n) > \chi_\alpha^2(n)\} = \alpha$$

n	α									
	0.995	0.99	0.975	0.95	0.9	0.1	0.05	0.025	0.001	0.0005
1	0.0000	0.0002	0.0010	0.0039	0.0158	2.7055	3.8415	5.0239	10.8276	12.1157
2	0.0100	0.0201	0.0506	0.1026	0.2107	4.6052	5.9915	7.3778	13.8155	15.2018
3	0.0717	0.1148	0.2158	0.3518	0.5844	6.2514	7.8147	9.3484	16.2662	17.7300
4	0.2070	0.2971	0.4844	0.7107	1.0636	7.7794	9.4877	11.1433	18.4668	19.9974
5	0.4117	0.5543	0.8312	1.1455	1.6103	9.2364	11.0705	12.8325	20.5150	22.1053
6	0.6757	0.8721	1.2373	1.6354	2.2041	10.6446	12.5916	14.4494	22.4577	24.1028
7	0.9893	1.2390	1.6899	2.1673	2.8331	12.0170	14.0671	16.0128	24.3219	26.0178
8	1.3444	1.6465	2.1797	2.7326	3.4895	13.3616	15.5073	17.5345	26.1245	27.8680
9	1.7349	2.0879	2.7004	3.3251	4.1682	14.6837	16.9190	19.0228	27.8772	29.6658
10	2.1559	2.5582	3.2470	3.9403	4.8652	15.9872	18.3070	20.4832	29.5883	31.4198
11	2.6032	3.0535	3.8157	4.5748	5.5778	17.2750	19.6751	21.9200	31.2641	33.1366
12	3.0738	3.5706	4.4038	5.2260	6.3038	18.5493	21.0261	23.3367	32.9095	34.8213
13	3.5650	4.1069	5.0088	5.8919	7.0415	19.8119	22.3620	24.7356	34.5282	36.4778
14	4.0747	4.6604	5.6287	6.5706	7.7895	21.0641	23.6848	26.1189	36.1233	38.1094
15	4.6009	5.2293	6.2621	7.2609	8.5468	22.3071	24.9958	27.4884	37.6973	39.7188
16	5.1422	5.8122	6.9077	7.9616	9.3122	23.5418	26.2962	28.8454	39.2524	41.3081
17	5.6972	6.4078	7.5642	8.6718	10.0852	24.7690	27.5871	30.1910	40.7902	42.8792
18	6.2648	7.0149	8.2307	9.3905	10.8649	25.9894	28.8693	31.5264	42.3124	44.4338
19	6.8440	7.6327	8.9065	10.1170	11.6509	27.2036	30.1435	32.8523	43.8202	45.9731
20	7.4338	8.2604	9.5908	10.8508	12.4426	28.4120	31.4104	34.1696	45.3147	47.4985

续上表

n	α									
	0.995	0.99	0.975	0.95	0.9	0.1	0.05	0.025	0.001	0.0005
21	8.0337	8.8972	10.2829	11.5913	13.2396	29.6151	32.6706	35.4789	46.7970	49.0108
22	8.6427	9.5425	10.9823	12.3380	14.0415	30.8133	33.9244	36.7807	48.2679	50.5111
23	9.2604	10.1957	11.6886	13.0905	14.8480	32.0069	35.1725	38.0756	49.7282	52.0002
24	9.8862	10.8564	12.4012	13.8484	15.6587	33.1962	36.4150	39.3641	51.1786	53.4788
25	10.5197	11.5240	13.1197	14.6114	16.4734	34.3816	37.6525	40.6465	52.6197	54.9475
26	11.1602	12.1981	13.8439	15.3792	17.2919	35.5632	38.8851	41.9232	54.0520	56.4069
27	11.8076	12.8785	14.5734	16.1514	18.1139	36.7412	40.1133	43.1945	55.4760	57.8576
28	12.4613	13.5647	15.3079	16.9279	18.9392	37.9159	41.3371	44.4608	56.8923	59.3000
29	13.1211	14.2565	16.0471	17.7084	19.7677	39.0875	42.5570	45.7223	58.3012	60.7346
30	13.7867	14.9535	16.7908	18.4927	20.5992	40.2560	43.7730	46.9792	59.7031	62.1619
31	14.4578	15.6555	17.5387	19.2806	21.4336	41.4217	44.9853	48.2319	61.0983	63.5820
32	15.1340	16.3622	18.2908	20.0719	22.2706	42.5847	46.1943	49.4804	62.4872	64.9955
33	15.8153	17.0735	19.0467	20.8665	23.1102	43.7452	47.3999	50.7251	63.8701	66.4025
34	16.5013	17.7891	19.8063	21.6643	23.9523	44.9032	48.6024	51.9660	65.2472	67.8035
35	17.1918	18.5089	20.5694	22.4650	24.7967	46.0588	49.8018	53.2033	66.6188	69.1986
36	17.8867	19.2327	21.3359	23.2686	25.6433	47.2122	50.9985	54.4373	67.9852	70.5881
37	18.5858	19.9602	22.1056	24.0749	26.4921	48.3634	52.1923	55.6680	69.3465	71.9722
38	19.2889	20.6914	22.8785	24.8839	27.3430	49.5126	53.3835	56.8955	70.7029	73.3512
39	19.9959	21.4262	23.6543	25.6954	28.1958	50.6598	54.5722	58.1201	72.0547	74.7253
40	20.7065	22.1643	24.4330	26.5093	29.0505	51.8051	55.7585	59.3417	73.4020	76.0946
41	21.4208	22.9056	25.2145	27.3256	29.9071	52.9485	56.9424	60.5606	74.7449	77.4593

续上表

n	α									
	0.995	0.99	0.975	0.95	0.9	0.1	0.05	0.025	0.001	0.0005
42	22.1385	23.6501	25.9987	28.1440	30.7654	54.0902	58.1240	61.7768	76.0838	78.8197
43	22.8595	24.3976	26.7854	28.9647	31.6255	55.2302	59.3035	62.9904	77.4186	80.1757
44	23.5837	25.1480	27.5746	29.7875	32.4871	56.3685	60.4809	64.2015	78.7495	81.5277
45	24.3110	25.9013	28.3662	30.6123	33.3504	57.5053	61.6562	65.4102	80.0767	82.8757
46	25.0413	26.6572	29.1601	31.4390	34.2152	58.6405	62.8296	66.6165	81.4003	84.2198
47	25.7746	27.4158	29.9562	32.2676	35.0814	59.7743	64.0011	67.8206	82.7204	85.5603
48	26.5106	28.1770	30.7545	33.0981	35.9491	60.9066	65.1708	69.0226	84.0371	86.8971
49	27.2493	28.9406	31.5549	33.9303	36.8182	62.0375	66.3386	70.2224	85.3506	88.2305
50	27.9907	29.7067	32.3574	34.7643	37.6886	63.1671	67.5048	71.4202	86.6608	89.5605
51	28.7347	30.4750	33.1618	35.5999	38.5604	64.2954	68.6693	72.6160	87.9680	90.8872
52	29.4812	31.2457	33.9681	36.4371	39.4334	65.4224	69.8322	73.8099	89.2722	92.2108
53	30.2300	32.0185	34.7763	37.2759	40.3076	66.5482	70.9935	75.0019	90.5734	93.5312
54	30.9813	32.7934	35.5863	38.1162	41.1830	67.6728	72.1532	76.1920	91.8718	94.8487
55	31.7348	33.5705	36.3981	38.9580	42.0596	68.7962	73.3115	77.3805	93.1675	96.1632
56	32.4905	34.3495	37.2116	39.8013	42.9373	69.9185	74.4683	78.5672	94.4605	97.4749
57	33.2484	35.1305	38.0267	40.6459	43.8161	71.0397	75.6237	79.7522	95.7510	98.7838
58	34.0084	35.9135	38.8435	41.4920	44.6960	72.1598	76.7778	80.9356	97.0388	100.0901
59	34.7704	36.6982	39.6619	42.3393	45.5770	73.2789	77.9305	82.1174	98.3242	101.3937
60	35.5345	37.4849	40.4817	43.1880	46.4589	74.3970	79.0819	83.2977	99.6072	102.6948
61	36.3005	38.2732	41.3031	44.0379	47.3418	75.5141	80.2321	84.4764	100.8879	103.9933
62	37.0684	39.0633	42.1260	44.8890	48.2257	76.6302	81.3810	85.6537	102.1662	105.2895

续上表

n	α = 0.995	0.99	0.975	0.95	0.9	0.1	0.05	0.025	0.001	0.0005
63	37.8382	39.8551	42.9503	45.7414	49.1105	77.7454	82.5287	86.8296	103.4424	106.5832
64	38.6098	40.6486	43.7760	46.5949	49.9963	78.8596	83.6753	88.0041	104.7163	107.8747
65	39.3831	41.4436	44.6030	47.4496	50.8829	79.9730	84.8206	89.1771	105.9881	109.1639
66	40.1582	42.2402	45.4314	48.3054	51.7705	81.0855	85.9649	90.3489	107.2579	110.4508
67	40.9350	43.0384	46.2610	49.1623	52.6588	82.1971	87.1081	91.5194	108.5256	111.7356
68	41.7135	43.8380	47.0920	50.0202	53.5481	83.3079	88.2502	92.6885	109.7913	113.0183
69	42.4935	44.6392	47.9242	50.8792	54.4381	84.4179	89.3912	93.8565	111.0551	114.2990
70	43.2752	45.4417	48.7576	51.7393	55.3289	85.5270	90.5312	95.0232	112.3169	115.5776
71	44.0584	46.2457	49.5922	52.6003	56.2206	86.6354	91.6702	96.1887	113.5769	116.8542
72	44.8431	47.0510	50.4279	53.4623	57.1129	87.7430	92.8083	97.3531	114.8351	118.1289
73	45.6293	47.8577	51.2648	54.3253	58.0061	88.8499	93.9453	98.5163	116.0915	119.4017
74	46.4170	48.6657	52.1028	55.1892	58.9000	89.9560	95.0815	99.6783	117.3462	120.6727
75	47.2060	49.4750	52.9419	56.0541	59.7946	91.0615	96.2167	100.8393	118.5991	121.9418
76	47.9965	50.2856	53.7821	56.9198	60.6899	92.1662	97.3510	101.9993	119.8503	123.2091
77	48.7884	51.0974	54.6234	57.7864	61.5858	93.2702	98.4844	103.1581	121.1000	124.4747
78	49.5816	51.9104	55.4656	58.6539	62.4825	94.3735	99.6169	104.3159	122.3480	125.7386
79	50.3761	52.7247	56.3089	59.5223	63.3799	95.4762	100.7486	105.4728	123.5944	127.0008
80	51.1719	53.5401	57.1532	60.3915	64.2778	96.5782	101.8795	106.6286	124.8392	128.2613
81	51.9690	54.3566	57.9984	61.2615	65.1765	97.6796	103.0095	107.7834	126.0826	129.5202
82	52.7674	55.1743	58.8446	62.1323	66.0757	98.7803	104.1387	108.9373	127.3244	130.7776
83	53.5669	55.9931	59.6918	63.0039	66.9756	99.8805	105.2672	110.0902	128.5648	132.0333

续上表

n	α									
	0.995	0.99	0.975	0.95	0.9	0.1	0.05	0.025	0.001	0.0005
84	54.3677	56.8130	60.5398	63.8763	67.8761	100.9800	106.3948	111.2423	129.8037	133.2876
85	55.1696	57.6339	61.3888	64.7494	68.7772	102.0789	107.5217	112.3934	131.0412	134.5403
86	55.9727	58.4559	62.2386	65.6233	69.6788	103.1773	108.6479	113.5436	132.2773	135.7916
87	56.7769	59.2790	63.0894	66.4979	70.5810	104.2750	109.7733	114.6929	133.5121	137.0414
88	57.5823	60.1030	63.9409	67.3732	71.4838	105.3722	110.8980	115.8414	134.7455	138.2897
89	58.3888	60.9281	64.7934	68.2493	72.3872	106.4689	112.0220	116.9891	135.9776	139.5367
90	59.1963	61.7541	65.6466	69.1260	73.2911	107.5650	113.1453	118.1359	137.2084	140.7823
91	60.0049	62.5811	66.5007	70.0035	74.1955	108.6606	114.2679	119.2819	138.4379	142.0265
92	60.8146	63.4090	67.3556	70.8816	75.1005	109.7556	115.3898	120.4271	139.6661	143.2694
93	61.6253	64.2379	68.2112	71.7603	76.0060	110.8502	116.5110	121.5715	140.8931	144.5110
94	62.4370	65.0677	69.0677	72.6398	76.9119	111.9442	117.6317	122.7151	142.1189	145.7513
95	63.2496	65.8984	69.9249	73.5198	77.8184	113.0377	118.7516	123.8580	143.3435	146.9903
96	64.0633	66.7299	70.7828	74.4005	78.7254	114.1307	119.8709	125.0001	144.5670	148.2280
97	64.8780	67.5624	71.6415	75.2819	79.6329	115.2232	120.9896	126.1414	145.7892	149.4646
98	65.6936	68.3957	72.5009	76.1638	80.5408	116.3153	122.1077	127.2821	147.0104	150.6999
99	66.5101	69.2299	73.3611	77.0463	81.4493	117.4069	123.2252	128.4220	148.2304	151.9340
100	67.3276	70.0649	74.2219	77.9295	82.3581	118.4980	124.3421	129.5612	149.4493	153.1670

附表4 *t* 分布表

$$P\{T(n) > t_{\alpha}(n)\} = \alpha$$

n	$\alpha=0.25$	$\alpha=0.10$	$\alpha=0.05$	$\alpha=0.025$	$\alpha=0.01$	$\alpha=0.005$
1	1.0000	3.0777	6.3138	12.7062	31.8207	63.6574
2	0.8165	1.8856	2.9200	4.3027	6.9646	9.9248
3	0.7649	1.6377	2.3534	3.1824	4.5407	5.8409
4	0.7407	1.5332	2.1318	2.7764	3.7469	4.6041
5	0.7267	1.4759	2.0150	2.5706	3.3649	4.0322
6	0.7176	1.4398	1.9432	2.4469	3.1427	3.7074
7	0.7111	1.4149	1.8946	2.3646	2.9980	3.4995
8	0.7064	1.3968	1.8595	2.3060	2.8965	3.3554
9	0.7027	1.3830	1.8331	2.2622	2.8214	3.2498
10	0.6998	1.3722	1.8125	2.2281	2.7638	3.1693
11	0.6974	1.3634	1.7959	2.2010	2.7181	3.1058
12	0.6955	1.3562	1.7823	2.1788	2.6810	3.0545
13	0.6938	1.3502	1.7709	2.1604	2.6503	3.0123
14	0.6924	1.3450	1.7613	2.1448	2.6245	2.9768
15	0.6912	1.3406	1.7531	2.1315	2.6025	2.9467
16	0.6901	1.3368	1.7459	2.1199	2.5835	2.9208
17	0.6892	1.3334	1.7396	2.1098	2.5669	2.8982
18	0.6884	1.3304	1.7341	2.1009	2.5524	2.8784
19	0.6876	1.3277	1.7291	2.0930	2.5395	2.8609
20	0.6870	1.3253	1.7247	2.0860	2.5280	2.8453
21	0.6864	1.3232	1.7207	2.0796	2.5177	2.8314
22	0.6858	1.3212	1.7171	2.0739	2.5083	2.8188
23	0.6853	1.3195	1.7139	2.0687	2.4999	2.8073
24	0.6848	1.3178	1.7109	2.0639	2.4922	2.7969
25	0.6844	1.3163	1.7081	2.0595	2.4851	2.7874
26	0.6840	1.3150	1.7058	2.0555	2.4786	2.7787
27	0.6837	1.3137	1.7033	2.0518	2.4727	2.7707
28	0.6834	1.3125	1.7011	2.0484	2.4671	2.7633
29	0.6830	1.3114	1.6991	2.0452	2.4620	2.7564
30	0.6828	1.3104	1.6973	2.0423	2.4573	2.7500
31	0.6825	1.3095	1.6955	2.0395	2.4528	2.7440

续上表

n	α =0.25	α =0.10	α =0.05	α =0.025	α =0.01	α =0.005
32	0.6822	1.3086	1.6939	2.0369	2.4487	2.7385
33	0.6820	1.3077	1.6924	2.0345	2.4448	2.7333
34	0.6818	1.3070	1.6909	2.0322	2.4411	2.7284
35	0.6816	1.3062	1.6896	2.0301	2.4377	2.7238
36	0.6814	1.3055	1.6883	2.0281	2.4345	2.7195
37	0.6812	1.3049	1.6871	2.0262	2.4314	2.7154
38	0.6810	1.3042	1.6860	2.0244	2.4286	2.7116
39	0.6808	1.3036	1.6849	2.0227	2.4258	2.7079
40	0.6807	1.3031	1.6839	2.0211	2.4233	2.7045
41	0.6805	1.3025	1.6829	2.0195	2.4208	2.7012
42	0.6804	1.3020	1.6820	2.0181	2.4185	2.6981
43	0.6802	1.3016	1.6811	2.0167	2.4163	2.6951
44	0.6801	1.3011	1.6802	2.0154	2.4141	2.6923
45	0.6800	1.3006	1.6794	2.0141	2.4121	2.6806

附表5　*F* 分布表

$$P\{F(n_1,n_2) > F_\alpha(n_1,n_2)\} = \alpha$$

n_2	n_1																		
	1	2	3	4	5	6	7	8	9	10	12	15	20	24	30	40	60	120	∞
	$\alpha = 0.10$																		
1	39.86	49.50	53.59	55.83	57.24	58.20	58.91	59.44	59.86	60.19	60.71	61.22	61.74	62.00	62.26	62.53	62.79	63.06	63.33
2	8.53	9.00	9.16	9.24	9.29	9.33	9.35	9.37	9.38	9.39	9.41	9.42	9.44	9.45	9.46	9.47	9.47	9.48	9.49
3	5.54	5.46	5.39	5.34	5.31	5.28	5.27	5.25	5.24	5.23	5.22	5.20	5.18	5.18	5.17	5.16	5.15	5.14	5.13
4	4.54	4.32	4.19	4.11	4.05	4.01	3.98	3.95	3.94	3.92	3.90	3.87	3.84	3.83	3.82	3.80	3.79	3.78	3.76
5	4.06	3.78	3.62	3.52	3.45	3.40	3.37	3.34	3.32	3.30	3.27	3.24	3.21	3.19	3.17	3.16	3.14	3.12	3.10
6	3.78	3.46	3.29	3.18	3.11	3.05	3.01	2.98	2.96	2.94	2.90	2.87	2.84	2.82	2.80	2.78	2.76	2.74	2.72
7	3.59	3.26	3.07	2.96	2.88	2.83	2.78	2.75	2.72	2.70	2.67	2.63	2.59	2.58	2.56	2.54	2.51	2.49	2.47
8	3.46	3.11	2.92	2.81	2.73	2.67	2.62	2.59	2.56	2.54	2.50	2.46	2.42	2.40	2.38	2.36	2.34	2.32	2.29
9	3.36	3.01	2.81	2.69	2.61	2.55	2.51	2.47	2.44	2.42	2.38	2.34	2.30	2.28	2.25	2.23	2.21	2.18	2.16
10	3.29	2.92	2.73	2.61	2.52	2.46	2.41	2.38	2.35	2.32	2.28	2.24	2.20	2.18	2.16	2.13	2.11	2.08	2.06
11	3.23	2.86	2.66	2.54	2.45	2.39	2.34	2.30	2.27	2.25	2.21	2.17	2.12	2.10	2.08	2.05	2.03	2.00	1.97
12	3.18	2.81	2.61	2.48	2.39	2.33	2.28	2.24	2.21	2.19	2.15	2.10	2.06	2.04	2.01	1.99	1.96	1.93	1.90
13	3.14	2.76	2.56	2.43	2.35	2.28	2.23	2.20	2.16	2.14	2.10	2.05	2.01	1.98	1.96	1.93	1.90	1.88	1.85
14	3.10	2.73	2.52	2.39	2.31	2.24	2.19	2.15	2.12	2.10	2.05	2.01	1.96	1.94	1.91	1.89	1.86	1.83	1.80
15	3.07	2.70	2.49	2.36	2.27	2.21	2.16	2.12	2.09	2.06	2.02	1.97	1.92	1.90	1.87	1.85	1.82	1.79	1.76
16	3.05	2.67	2.46	2.33	2.24	2.18	2.13	2.09	2.06	2.03	1.99	1.94	1.89	1.87	1.84	1.81	1.78	1.75	1.72
17	3.03	2.64	2.44	2.31	2.22	2.15	2.10	2.06	2.03	2.00	1.96	1.91	1.86	1.84	1.81	1.78	1.75	1.72	1.69
18	3.01	2.62	2.42	2.29	2.20	2.13	2.08	2.04	2.00	1.98	1.93	1.89	1.84	1.81	1.78	1.75	1.72	1.69	1.66
19	2.99	2.61	2.40	2.27	2.18	2.11	2.06	2.02	1.98	1.96	1.91	1.86	1.81	1.79	1.76	1.73	1.70	1.67	1.63

续上表

n_2	n_1																		
	1	2	3	4	5	6	7	8	9	10	12	15	20	24	30	40	60	120	∞
$\alpha = 0.10$																			
20	2.97	2.59	2.38	2.25	2.16	2.09	2.04	2.00	1.96	1.94	1.89	1.84	1.79	1.77	1.74	1.71	1.68	1.64	1.61
21	2.96	2.57	2.36	2.23	2.14	2.08	2.02	1.98	1.95	1.92	1.87	1.83	1.78	1.75	1.72	1.69	1.66	1.62	1.59
22	2.95	2.56	2.35	2.22	2.13	2.06	2.01	1.97	1.93	1.90	1.86	1.81	1.76	1.73	1.70	1.67	1.64	1.60	1.57
23	2.94	2.55	2.34	2.21	2.11	1.05	1.99	1.95	1.92	1.89	1.84	1.80	1.74	1.72	1.69	1.66	1.62	1.59	1.55
24	2.93	2.54	2.33	2.19	2.10	2.04	1.98	1.94	1.91	1.88	1.83	1.78	1.73	1.70	1.67	1.64	1.61	1.57	1.53
25	2.92	2.53	2.32	2.18	2.09	2.02	1.97	1.93	1.89	1.87	1.82	1.77	1.72	1.69	1.66	1.63	1.59	1.56	1.52
26	2.91	2.52	2.31	2.17	2.08	2.01	1.96	1.92	1.88	1.86	1.81	1.76	1.71	1.68	1.65	1.61	1.58	1.54	1.50
27	2.90	2.51	2.30	2.17	2.07	2.00	1.95	1.91	1.87	1.85	1.80	1.75	1.70	1.67	1.64	1.60	1.57	1.53	1.49
28	2.89	2.50	2.29	2.16	2.06	2.00	1.94	1.90	1.87	1.84	1.79	1.74	1.69	1.66	1.63	1.59	1.56	1.52	1.48
29	2.89	2.50	2.28	2.15	2.06	1.99	1.93	1.89	1.86	1.83	1.78	1.73	1.68	1.65	1.62	1.58	1.55	1.51	1.47
30	2.88	2.49	2.28	2.14	2.05	1.98	1.93	1.88	1.85	1.82	1.77	1.72	1.67	1.64	1.61	1.57	1.54	1.50	1.46
40	2.84	2.44	2.23	2.09	2.00	1.93	1.87	1.83	1.79	1.76	1.71	1.66	1.61	1.57	1.54	1.51	1.47	1.42	1.38
60	2.79	2.39	2.18	2.04	1.95	1.87	1.82	1.77	1.74	1.71	1.66	1.60	1.54	1.51	1.48	1.44	1.40	1.35	1.29
120	2.75	2.35	2.13	1.99	1.90	1.82	1.77	1.72	1.68	1.65	1.60	1.55	1.48	1.45	1.41	1.37	1.32	1.26	1.19
∞	2.71	2.30	2.08	1.94	1.85	1.77	1.72	1.67	1.63	1.60	1.55	1.49	1.42	1.38	1.34	1.30	1.24	1.17	1.00
$\alpha = 0.05$																			
1	161.4	199.5	215.7	224.6	230.2	234.0	236.8	238.9	240.5	241.9	243.9	245.9	248.0	249.1	250.1	251.1	252.2	253.3	254.3
2	18.51	19.00	19.16	19.25	19.30	19.33	19.35	19.37	19.38	19.40	19.41	19.43	19.45	19.45	19.46	19.47	19.48	19.49	19.50
3	10.13	9.55	9.28	9.12	9.01	8.94	8.89	8.85	8.81	8.79	8.74	8.70	8.66	8.64	8.62	8.59	8.57	8.55	8.53
4	7.71	6.94	6.59	6.39	6.26	6.16	6.09	6.04	6.00	5.96	5.91	5.86	5.80	5.77	5.75	5.72	5.69	5.66	5.63

续上表

n_2	n_1																		
	1	2	3	4	5	6	7	8	9	10	12	15	20	24	30	40	60	120	∞
	$\alpha = 0.05$																		
5	6.61	5.79	5.41	5.19	5.05	4.95	4.88	4.82	4.77	4.74	4.68	4.62	4.56	4.53	4.50	4.46	4.43	4.40	4.36
6	5.99	5.14	4.76	4.53	4.39	4.28	4.21	4.15	4.10	4.06	4.00	3.94	3.87	3.84	3.81	3.77	3.74	3.70	3.67
7	5.59	4.74	4.35	4.12	3.97	3.87	3.79	3.73	3.68	3.64	3.57	3.51	3.44	3.41	3.38	3.34	3.30	3.27	3.23
8	5.32	4.46	4.07	3.84	3.69	3.58	3.50	3.44	3.39	3.35	3.28	3.22	3.15	3.12	3.08	3.04	3.01	2.97	2.93
9	5.12	4.26	3.86	3.63	3.48	3.37	3.29	3.23	3.18	3.14	3.07	3.01	2.94	2.90	2.86	2.83	2.79	2.75	2.71
10	4.96	4.10	3.71	3.48	3.33	3.22	3.14	3.07	3.02	2.98	2.91	2.85	2.77	2.74	2.70	2.66	2.62	2.58	2.54
11	4.84	3.98	3.59	3.36	3.20	3.09	3.01	2.95	2.90	2.85	2.79	2.72	2.65	2.61	2.57	2.53	2.49	2.45	2.40
12	4.75	3.89	3.49	3.26	3.11	3.00	2.91	2.85	2.80	2.75	2.69	2.62	2.54	2.51	2.47	2.43	2.38	2.34	2.30
13	4.67	3.81	3.41	3.18	3.03	2.92	2.83	2.77	2.71	2.67	2.60	2.53	2.46	2.42	2.38	2.34	2.30	2.25	2.21
14	4.60	3.74	3.34	3.11	2.96	2.85	2.76	2.70	2.65	2.60	2.53	2.46	2.39	2.35	2.31	2.27	2.22	2.18	2.13
15	4.54	3.68	3.29	3.06	2.90	2.79	2.71	2.64	2.59	2.54	2.48	2.40	2.33	2.29	2.25	2.20	2.16	2.11	2.07
16	4.49	3.63	3.24	3.01	2.85	2.74	2.66	2.59	2.54	2.49	2.42	2.35	2.28	2.24	2.19	2.15	2.11	2.06	2.01
17	4.45	3.59	3.20	2.96	2.81	2.70	2.61	2.55	2.49	2.45	2.38	2.31	2.23	2.19	2.15	2.10	2.06	2.01	1.96
18	4.41	3.55	3.16	2.93	2.77	2.66	2.58	2.51	2.46	2.41	2.34	2.27	2.19	2.15	2.11	2.06	2.02	1.97	1.92
19	4.38	3.52	3.13	2.90	2.74	2.63	2.54	2.48	2.42	2.38	2.31	2.23	2.16	2.11	2.07	2.03	1.98	1.93	1.88
20	4.35	3.49	3.10	2.87	2.71	2.60	2.51	2.45	2.39	2.35	2.28	2.20	2.12	2.08	2.04	1.99	1.95	1.90	1.84
21	4.32	3.47	3.07	2.84	2.68	2.57	2.49	2.42	2.37	2.32	2.25	2.18	2.10	2.05	2.01	1.96	1.92	1.87	1.81
22	4.30	3.44	3.05	2.82	2.66	2.55	2.46	2.40	2.34	2.30	2.23	2.15	2.07	2.03	1.98	1.94	1.89	1.84	1.78
23	4.28	3.42	3.03	2.80	2.64	2.53	2.44	2.37	2.32	2.27	2.20	2.13	2.05	2.01	1.96	1.91	1.86	1.81	1.76
24	4.26	3.40	3.01	2.78	2.62	2.51	2.42	2.36	2.30	2.25	2.18	2.11	2.03	1.98	1.94	1.89	1.84	1.79	1.73

续上表

n_2	n_1																		
	1	2	3	4	5	6	7	8	9	10	12	15	20	24	30	40	60	120	∞
$\alpha = 0.05$																			
25	4.24	3.39	2.99	2.76	2.60	2.49	2.40	2.34	2.28	2.24	2.16	2.09	2.01	1.96	1.92	1.87	1.82	1.77	1.71
26	4.23	3.37	2.98	2.74	2.59	2.47	2.39	2.32	2.27	2.22	2.15	2.07	1.99	1.95	1.90	1.85	1.80	1.75	1.69
27	4.21	3.35	2.96	2.73	2.57	2.46	2.37	2.31	2.25	2.20	2.13	2.06	1.97	1.93	1.88	1.84	1.79	1.73	1.67
28	4.20	3.34	2.95	2.71	2.56	2.45	2.36	2.29	2.24	2.19	2.12	2.04	1.96	1.91	1.87	1.82	1.77	1.71	1.65
29	4.18	3.33	2.93	2.70	2.55	2.43	2.35	2.28	2.22	2.18	2.10	2.03	1.94	1.90	1.85	1.81	1.75	1.70	1.64
30	4.17	3.32	2.92	2.69	2.53	2.42	2.33	2.27	2.21	2.16	2.09	2.01	1.93	1.89	1.84	1.79	1.74	1.68	1.62
40	4.08	3.23	2.84	2.61	2.45	2.34	2.25	2.18	2.12	2.08	2.00	1.92	1.84	1.79	1.74	1.69	1.64	1.58	1.51
60	4.00	3.15	2.76	2.53	2.37	2.25	2.17	2.10	2.04	1.99	1.92	1.84	1.75	1.70	1.65	1.59	1.53	1.47	1.39
120	3.92	3.07	2.68	2.45	2.29	2.17	2.09	2.02	1.96	1.91	1.83	1.75	1.66	1.61	1.55	1.50	1.43	1.35	1.25
∞	3.84	3.00	2.60	2.37	2.21	2.10	2.01	1.94	1.88	1.83	1.75	1.67	1.57	1.52	1.46	1.39	1.32	1.22	1.00
$\alpha = 0.025$																			
1	647.8	799.5	864.2	899.6	921.8	937.1	948.2	956.7	963.3	968.6	976.7	984.9	993.1	997.2	1001	1006	1010	1014	1018
2	38.51	39.00	39.17	39.25	39.30	39.33	39.36	39.37	39.39	39.40	39.41	39.43	39.45	39.46	39.46	39.47	39.48	39.40	39.50
3	17.44	16.04	15.44	15.10	14.88	14.73	14.62	14.54	14.47	14.42	14.34	14.25	14.17	14.12	14.08	14.04	13.99	13.95	13.90
4	12.22	10.65	9.98	9.60	9.36	9.20	9.07	8.98	8.90	8.84	8.75	8.66	8.56	8.51	8.46	8.41	8.36	8.31	8.26
5	10.01	8.43	7.76	7.39	7.15	6.98	6.85	6.76	6.68	6.62	6.52	6.43	6.33	6.28	6.23	6.18	6.12	6.07	6.02
6	8.81	7.26	6.60	6.23	5.99	5.82	5.70	5.60	5.52	5.46	5.37	5.27	5.17	5.12	5.07	5.01	4.96	4.90	4.85
7	8.07	6.54	5.89	5.52	5.29	5.12	4.99	4.90	4.82	4.76	4.67	4.57	4.47	4.42	4.36	4.31	4.25	4.20	4.14
8	7.57	6.06	5.42	5.05	4.82	4.65	4.53	4.43	4.36	4.30	4.20	4.10	4.00	3.95	3.89	3.84	3.78	3.73	3.67
9	7.21	5.71	5.08	4.72	4.48	4.23	4.20	4.10	4.03	3.96	3.87	3.77	3.67	3.61	3.56	3.51	3.45	3.39	3.33

续上表

n_2	n_1																		
	1	2	3	4	5	6	7	8	9	10	12	15	20	24	30	40	60	120	∞
	$\alpha = 0.025$																		
10	6.94	5.46	4.83	4.47	4.24	4.07	3.95	3.85	3.78	3.72	3.62	3.52	3.42	3.37	3.31	3.26	3.20	3.14	3.08
11	6.72	5.26	4.63	4.28	4.04	3.88	3.76	3.66	3.59	3.53	3.43	3.33	3.23	3.17	3.12	3.06	3.00	2.94	2.88
12	6.55	5.10	4.47	4.12	3.89	3.73	3.61	3.51	3.44	3.37	3.28	3.18	3.07	3.02	2.96	2.91	2.85	2.79	2.72
13	6.41	4.97	4.35	4.00	3.77	3.60	3.48	3.39	3.31	3.25	3.15	3.05	2.95	2.89	2.84	2.78	2.72	2.66	2.60
14	6.30	4.86	4.24	3.89	3.66	3.50	3.38	3.29	3.21	3.15	3.05	2.95	2.84	2.79	2.73	2.67	2.61	2.55	2.49
15	6.20	4.77	4.15	3.80	3.58	3.41	3.29	3.20	3.12	3.06	2.96	2.86	2.76	2.70	2.64	2.59	2.52	2.46	2.40
16	6.12	4.69	4.08	3.73	3.50	3.34	3.22	3.12	3.05	2.99	2.89	2.79	2.68	2.63	2.57	2.51	2.45	2.38	2.32
17	6.04	4.62	4.01	3.66	3.44	3.28	3.26	3.06	2.98	2.92	2.82	2.72	2.62	2.56	2.50	2.44	2.38	2.32	2.25
18	5.98	4.56	3.95	3.61	3.38	3.22	3.10	3.01	2.93	2.87	2.77	2.67	2.56	2.50	2.44	2.38	2.32	2.26	2.19
19	5.92	4.51	3.90	3.56	3.33	3.17	3.05	2.96	2.88	2.82	2.72	2.62	2.51	2.45	2.39	2.33	2.27	2.20	2.13
20	5.87	4.46	3.86	3.51	3.29	3.13	3.01	2.91	2.84	2.77	2.68	2.57	2.46	2.41	2.35	2.29	2.22	2.16	2.09
21	5.83	4.42	3.82	3.48	3.25	3.09	2.97	2.87	2.80	2.73	2.64	2.53	2.42	2.37	2.31	2.25	2.18	2.11	2.04
22	5.79	4.38	3.78	3.44	3.22	3.05	2.73	2.84	2.76	2.70	2.60	2.50	2.39	2.33	2.27	2.21	2.14	2.08	2.00
23	5.75	4.35	3.75	3.41	3.18	3.02	2.90	2.81	2.73	2.67	2.57	2.47	2.36	2.30	2.24	2.18	2.11	2.04	1.97
24	5.72	4.32	3.72	3.38	3.15	2.99	2.87	2.78	2.70	2.64	2.54	2.44	2.33	2.27	2.21	2.15	2.08	2.01	1.94
25	5.69	4.29	3.69	3.35	3.13	2.97	2.85	2.75	2.68	2.61	2.51	2.41	2.30	2.24	2.18	2.12	2.05	1.98	1.91
26	5.66	4.27	3.67	3.33	3.10	2.94	2.82	2.73	2.65	2.59	2.49	2.39	2.28	2.22	2.16	2.09	2.03	1.95	1.88
27	5.63	4.24	3.65	3.31	3.08	2.92	2.80	2.71	2.63	2.57	2.47	2.36	2.25	2.19	2.13	2.07	2.00	1.93	1.85
28	5.61	4.22	3.63	3.29	3.06	2.90	2.78	2.69	2.61	2.55	2.45	2.34	2.23	2.17	2.11	2.05	1.98	1.91	1.83
29	5.59	4.20	3.61	3.27	3.04	2.88	2.76	2.67	2.59	2.53	2.43	2.32	2.21	2.15	2.09	2.03	1.96	1.89	1.81

续上表

n_2	n_1																		
	1	2	3	4	5	6	7	8	9	10	12	15	20	24	30	40	60	120	∞
$\alpha = 0.025$																			
30	5.57	4.18	3.59	3.25	3.03	2.87	2.75	2.65	2.57	2.51	2.41	2.31	2.20	2.14	2.07	2.01	1.94	1.87	1.79
40	5.42	4.05	3.46	3.13	3.90	2.74	2.62	2.53	2.45	2.39	2.29	2.18	2.07	2.01	1.94	1.88	1.80	1.72	1.64
60	5.29	3.93	3.34	3.01	2.79	2.63	2.51	2.41	2.33	2.27	3.17	2.06	1.94	1.88	1.82	1.74	1.67	1.58	1.48
120	5.15	3.80	3.23	2.89	2.67	2.52	2.39	2.30	2.22	2.16	2.05	1.94	1.82	1.76	1.69	1.61	1.53	1.43	1.31
∞	5.02	3.69	3.12	2.79	2.57	2.41	2.29	2.19	2.11	2.05	1.94	1.83	1.71	1.64	1.57	1.48	1.39	1.27	1.00
$\alpha = 0.01$																			
1	4052	4999.5	5403	5625	5764	5859	5928	5982	6022	6056	6106	6157	6209	6235	6261	6287	6313	6339	6366
2	98.50	99.00	99.17	99.25	99.30	99.33	99.36	99.37	99.39	99.40	99.42	99.43	99.45	99.46	99.47	99.47	99.48	99.49	99.50
3	34.12	30.82	29.46	28.71	28.24	27.91	27.67	27.49	27.35	27.23	27.05	26.87	26.69	26.60	26.50	26.41	26.32	26.22	26.13
4	21.20	18.00	16.69	15.98	15.52	15.21	14.98	14.80	14.66	14.55	14.37	24.20	14.02	13.93	13.84	13.75	13.65	13.56	13.46
5	16.26	13.27	12.06	11.39	10.97	10.67	10.46	10.29	10.16	10.05	9.89	9.72	9.55	9.47	9.38	9.29	9.20	9.11	9.02
6	13.75	10.93	9.78	9.15	8.75	8.47	8.26	8.10	7.98	7.87	7.72	7.56	7.40	7.31	7.23	7.14	7.06	6.97	6.88
7	12.25	9.55	8.45	7.85	7.46	7.19	6.99	6.84	6.72	6.62	6.47	6.31	6.16	6.07	5.99	5.91	5.82	5.74	5.65
8	11.26	8.65	7.59	7.01	6.63	6.37	6.18	6.03	5.91	5.81	5.67	5.52	5.36	5.28	5.20	5.12	5.03	4.95	4.86
9	10.56	8.02	6.99	6.42	6.06	5.80	5.61	5.47	5.35	5.26	5.11	4.96	4.81	4.73	4.65	4.57	4.48	4.40	4.31
10	10.04	7.56	6.55	5.99	5.64	5.39	5.20	5.06	4.94	4.85	4.71	4.56	4.41	4.33	4.25	4.17	4.08	4.00	3.91
11	9.65	7.21	6.22	5.67	5.32	5.07	4.89	4.74	4.63	4.54	4.40	4.25	4.10	4.02	3.94	3.86	3.78	3.69	3.60
12	9.33	6.93	5.95	5.41	5.06	4.82	4.64	4.50	4.39	4.30	4.16	4.01	3.86	3.78	3.70	3.62	3.54	3.45	3.36
13	9.07	6.70	5.74	5.21	4.86	4.62	4.44	4.30	4.19	4.10	3.96	3.82	3.66	3.59	3.51	3.43	3.34	3.25	3.17
14	8.86	6.51	5.56	5.04	4.69	4.46	4.28	4.14	4.03	3.94	3.80	3.66	3.51	3.43	3.35	3.27	3.18	3.09	3.00

续上表

n_2	n_1																		
	1	2	3	4	5	6	7	8	9	10	12	15	20	24	30	40	60	120	∞
$\alpha = 0.01$																			
15	8.68	6.36	5.42	4.89	4.56	4.32	4.14	4.00	3.89	3.80	3.67	3.52	3.37	3.29	3.21	3.13	3.05	2.96	2.87
16	8.53	6.23	5.29	4.77	4.44	4.20	4.03	3.89	3.78	3.69	3.55	3.41	3.26	3.18	3.10	3.02	2.93	2.84	2.75
17	8.40	6.11	5.18	4.67	4.34	4.10	3.93	3.79	3.68	3.59	3.46	3.31	3.16	3.08	3.00	2.92	2.83	2.75	2.65
18	8.29	6.01	5.09	4.58	4.25	4.01	3.94	3.71	3.60	3.51	3.37	3.23	3.08	3.00	2.92	2.84	2.75	2.66	2.57
19	8.18	5.93	5.01	4.50	4.17	3.94	3.77	3.63	3.52	3.43	3.30	3.15	3.00	2.92	2.84	2.76	2.67	2.58	2.49
20	8.10	5.85	4.94	4.43	4.10	3.87	3.70	3.56	3.46	3.37	3.23	3.09	2.94	2.86	2.78	2.69	2.61	2.52	2.42
21	8.02	5.78	4.87	4.37	4.04	3.81	3.64	3.51	3.40	3.31	3.17	3.03	2.88	2.80	2.72	2.64	2.55	2.46	2.36
22	7.95	5.72	4.82	4.31	3.99	3.76	3.59	3.45	3.35	3.26	3.12	2.98	2.83	2.75	2.67	2.58	2.50	2.40	2.31
23	7.88	5.66	4.76	4.26	3.94	3.71	3.54	3.41	3.30	3.21	3.07	2.93	2.78	2.70	2.62	2.54	2.45	2.35	2.26
24	7.82	5.61	4.72	4.22	3.90	3.67	3.50	3.36	3.26	3.17	3.03	2.89	2.74	2.66	2.58	2.49	2.40	2.31	2.21
25	7.77	5.57	4.68	4.18	3.85	3.63	3.46	3.32	3.22	3.13	2.99	2.85	2.70	2.62	2.54	2.45	2.36	2.27	2.17
26	7.72	5.53	4.64	4.14	3.82	3.59	3.42	3.29	3.18	3.09	2.96	2.81	2.66	2.58	2.50	2.42	2.33	2.23	2.13
27	7.68	5.49	4.60	4.11	3.78	3.56	3.39	3.26	3.15	3.06	2.93	2.78	2.63	2.55	2.47	2.38	2.29	2.20	2.10
28	7.64	5.45	4.57	4.07	3.75	3.53	3.36	3.23	3.12	3.03	2.90	2.75	2.60	2.52	2.44	2.35	2.26	2.17	2.06
29	7.60	5.42	4.54	4.04	3.73	3.50	3.33	3.20	3.09	3.00	2.87	2.73	2.57	2.49	2.41	2.33	2.23	2.14	2.03
30	7.56	5.39	4.51	4.02	3.70	3.47	3.30	3.17	3.07	2.98	2.84	2.70	2.55	2.47	2.39	2.30	2.21	2.11	2.01
40	7.31	5.18	4.31	3.83	3.51	3.29	3.12	2.99	2.89	2.80	2.66	2.52	2.37	2.29	2.20	2.11	2.02	1.92	1.80
60	7.08	4.98	4.13	3.65	3.34	3.12	2.95	2.82	2.72	2.63	2.50	2.35	2.20	2.12	2.03	1.94	1.84	1.73	1.60
120	6.85	4.79	3.95	3.48	3.17	2.96	2.79	2.66	2.56	2.47	2.34	2.19	2.03	1.95	1.86	1.76	1.66	1.53	1.38
∞	6.63	4.61	3.78	3.32	3.02	2.80	2.64	2.51	2.41	2.32	2.18	2.04	1.88	1.79	1.70	1.59	1.47	1.32	1.00

参 考 文 献

[1] 盛骤,谢式千,潘承毅.概率论与数理统计[M].5版.北京:高等教育出版社,2019.
[2] 盛骤,谢式千,潘承毅.概率论与数理统计习题全解指南[M].5版.北京:高等教育出版社,2020.
[3] 黄国建,张忠毅,蔡鸣晶,等.线性代数与概率统计[M].北京:高等教育出版社,2024.
[4] 王佳新.线性代数与概率统计[M].北京:机械工业出版社,2023.
[5] 张天德,叶宏.概率论与数理统计[M].2版.北京:人民邮电出版社,2024.